矽谷
為什麼

科技、新創、生醫、投資,
矽谷直送的最新趨勢與實戰經驗

Silicon Valley
Insight

詹益鑑
謝凱婷
──著──

給台灣產業、人才、新創的矽谷手冊與資源地圖

黃耀文／XREX 共同創辦人

　　我與矽谷的首次緊密接觸是在2005年底，住在矽谷超過四十年的沙正治先生與其他矽谷的前輩，一起投資了我創辦的第一家公司阿碼科技（Armorize）。往後多年，我與矽谷的緣分緊牽，2013年，位於矽谷桑尼維爾（Sunnyvale）的那斯達克掛牌上市公司Proofpoint併購了阿碼科技，我也因此在矽谷買了人生第一間房子，矽谷不僅讓我在資安產業中更上一層樓，也開啟了我業餘天使投資人的旅程。

　　在矽谷的這段時間，帶給我人生中最密集也最有力的衝擊。在Proofpoint裡，公司集結美國與全球各地好手，我們在語言、文化、成長背景上如此不同，在理想、創新與對科技的信仰卻又是如此契合，我們都相信科技將使人類更好、相信冒險的必要性、相信創新的價值、相信夢想能被實現、相信每個人都應該為夢想工作。

　　這些幾近暴力式的密集刺激，以及高密度的優秀人才與創新能量，讓我在每次短暫離開矽谷時，都不禁感嘆：「我真的是被矽谷『寵壞了』！」矽谷是一個無可取代且極為特殊的創新基地，以我熟悉的科技產業來說，全球最頂尖的企業、人才、創新點子全部都聚集在這，全球耳熟能詳且不可或缺的名字：蘋果（Apple）、Google（Alphabet）、Facebook（Meta）、Instagram、特斯拉（Tesla）、Netflix、Uber、Dropbox、Airbnb、SalesForce、Coinbase、Slack、LinkedIn、Snapchat、Splunk、eBay、Pinterest、Symantec、DocuSign、Broadcom、甲骨文（Oracle）、英特爾（Intel）、惠普（HP），還有無數正在嶄露頭角即將改變世界的力量，我們不能不問：「矽谷為什麼？」

　　是因為史丹佛、柏克萊這些長春藤名校嗎？是因為高密度的創投基金嗎？還是存在這裡所有人血液中的創業家DNA？抑或這裡洋溢著擁抱創新、允許衝撞、尊重失敗的文化？

　　「矽谷為什麼？」成了我與矽谷同事間最常彼此辯論的話題之一。每每談及這個話題，最有趣的是，從台灣、俄國、印度、伊朗、日本等來自世界不同角落的「矽谷人」，對「矽谷為什麼？」都有不同見解。

　　矽谷對全球脈動與創新發展有著深刻影響，究竟矽谷對於台灣人的啟發是什麼？對於台灣產業的啟發是什麼？台灣的生醫生技、網路、區塊鏈產業，又該如何與矽谷連結？

　　矽谷不應只是一個遙遠而美好的憧憬，台灣的人才是否該來矽谷取經？在吸取經驗外，也開創各種機會與可能？矽谷真的適

合你嗎？

　　作為一個曾經在矽谷擁有美好經驗與學習的創業者，現在率領 XREX 團隊打造區塊鏈「新金融科技」的我，經常自問，台灣的新創如何連結矽谷？如何能成功在矽谷募資？又可以如何連結矽谷資源，成為進入美國乃至全球市場的孵化基地？

　　《矽谷為什麼》不僅是一本台灣產業、人才、新創的矽谷手冊，它更是一本「矽谷台灣人」的資源地圖。從台灣籍、台灣裔矽谷人的角度，帶我們看見矽谷與台灣的深厚連結，也讓我們認識台灣可以運用的矽谷資源，讓我們可以從零到一，從台灣到矽谷再到全球，將這些豐富且無可取代的經驗與資源，長遠地傳承下去。

　　世界時局不斷變化，而矽谷總是率先改變、率先掌握機遇，找出未來世界的生存之道，一次又一次地贏得新世界、新市場中最大的紅利。「矽谷為什麼」超過一百集的訪談，於疫情新世界下開始，這一次，矽谷如何改變、塑造新職場模式？又如何抓住人才、掌握疫情帶來的機會？

　　詹益鑑博士（IC）與「矽谷美味人妻」謝凱婷（Katie）主持的「矽谷為什麼」，就和矽谷一樣不斷蛻變且令人驚豔，不僅是一個節目、一本書、一張資源地圖，更是建立一個擁有矽谷文化、矽谷資源、矽谷夢想的有力社群。「矽谷為什麼」對於我這樣的創業者而言，也是不可多得的珍貴集錦。

　　參與矽谷這麼多年，我不覺得全球能有第二個矽谷，但它的 DNA 與成功方法，卻可以影響全球不同城市、不同產業、不同創業者，每個人的腦中、心中與企業文化中，都有那麼一點矽

谷，這是一個可以被吸收、被改良並不斷進化的有機系統，也是矽谷不可取代之處。

接下來引領全球產業的城市，一定跟矽谷很不一樣，他們會是什麼樣貌？台北、新竹、台中、台南、高雄，怎麼將矽谷內化成有具有台灣特色的能量，又是否能與矽谷資源建立強連結，打造台灣經濟發展與創新能量的下一個成長引擎？

《矽谷為什麼》在疫情下撒下了種子，我們期待看見不同的綠芽在各地萌發。期待與各位一起努力！

推薦序

與矽谷創新再連結！

簡立峰／前 Google 台灣董事總經理、Appier 獨立董事、iKala 董事

2006 年初我加入 Google 後，約有十五年時間頻繁往來矽谷、台灣之間。剛開始確實有些寂寞，因為矽谷的科技重心已經由半導體、資訊硬體轉成軟體，而原先需要去矽谷的台灣朋友們多半從事電子業，已經較少造訪重鎮聖荷西（San Jose），頻繁改飛深圳、上海，要在矽谷遇上朋友和年輕台灣工程師並不容易。我曾經有感而發，在報上發表過談台灣需要與矽谷再連結的文章。

文中提及 Google 一位副總裁，非常稱讚台灣的科技發展，介紹我一本探討小國家創新發展模式的書，其中台灣與以色列、愛爾蘭並列為科技小國典範。書中特別指出小國因為人口有限，成功的創新都必須有效連結大市場。台灣與以色列的成功，源自於充分結合美國矽谷的創新能量，而愛爾蘭則是與英國倫敦有效串聯。我心中真是憂喜參半，因為那時看得出來台灣產業重心不再是矽谷，而是轉移至中國華南！

　　台灣引以為傲的半導體業與資訊電子產業，大多早在1980至2000年間，由許多到美國留學的科技菁英，先落腳矽谷，學習最尖端科技，再回到台灣，特別是在新竹科學園區創業，一步一腳印撐起今天的高科技產業。然而這種矽谷成長、台灣創業的發展模式，在2000年後中國成為世界工廠、台商大規模西進，加上台灣廣設大學、研究所，驟然改變。

　　台灣與深圳、上海緊密來往，與矽谷的距離也就越來越遠。留美學生少了，年輕創業家寥寥可數，甚至有人說講英文的台灣人變少了，這間接使得台灣產業一次次錯過矽谷的數位轉型，未能把握之後網路產業、雲端運算、大數據、行動應用等澎湃的軟體創新潮。

　　然而就在台灣與矽谷漸行漸遠之際，過去幾年又突然出現翻轉。特別是在中美貿易戰、科技戰開始，以及兩年多的疫情下，台灣與矽谷有了全新連結機會，台灣政府也積極以對。有人說這是台灣的「黃金兩年」，甚至「黃金十年」的開啟。台灣在美國科技業有了更鮮明的形象，像是台積電引領的半導體、IC產業，在台灣形成世界級聚落，矽谷的企業——不論是網路產業巨人，甚至競爭對手英特爾——都得在台加大投資，以確保先進IC製程與產能。

　　另外，台灣資通訊產業在PC、手機之後，有了全新空間，有機會切入電動車與智慧車產業，汽車或許將名符其實，成為加了輪子的電腦，讓電動車巨人如特斯拉都不能不與台灣來往，這都是兩、三年前想不到的。還有，台灣的數位經濟雖然規模小，但軟體獨角獸也開始出現，再思考如低軌道衛星、太空科技、元

宇宙（Metaverse）、Web3、Crypto，可以發現台灣與矽谷可再連結的機會增加很多。

消失多年的台灣人終於又陸續出現在矽谷了。新一波台灣人才更為多元，有從事軟體的，已經在頂尖企業像Google、Meta、蘋果工作的，也有不少成功台裔創業家，像YouTube創辦人陳士駿、Twitch共同創辦人林士斌（Kevin Lin）相繼在台成立團隊，將軟體發展經驗帶到台灣，而Google、美光、Nvidia也在台灣擴大硬體科技研發，台灣科技島正在掀起一波新動能，有機會與矽谷再結合。

正當台灣與矽谷開始新的連結之際，仔細檢視不論人才與商務交流，似乎都已物換星移，需要重新橋接。諸如企業關係，過去熟悉矽谷的台灣企業家，多半面臨退休之際，對軟體新創相對陌生。台灣媒體多年過度內化，矽谷對新一代記者而言，都快變成只是觀光景點，關於矽谷的報導常常停留在表象，諸如美麗開放辦公室、美味餐廳等，讓人有點五味雜陳。

詹益鑑（IC）與謝凱婷（KT）過去兩年多用心規劃經營的「矽谷為什麼」Podcast，在這個需要重新認識矽谷的時刻，便扮演起非常有價值的角色。

我與IC認識許久，時有交流，他知識廣博，對台灣創業圈深度了解，這兩年來到矽谷，更能夠體會兩地生態差異。KT與我在AAMA台北搖籃計畫認識，早早聽聞KT是成功創業家「矽谷美味人妻」，但直到近期才知道KT同時具有水利工程與企業管理的硬背景。IC與KT兩位都非常優秀、熱情、有理想，特別聲音很有磁性，口條也非常清晰，透過他們規劃邀訪的來賓與主

題都非常豐富精彩，提供北美及台灣聽眾全新視野，輕鬆中認識不少新一代精彩人物，了解矽谷最新動態，發現可以借鏡之處。

最近他們兩位決定，將兩年訪談的精彩內容集結成書，我有幸預先拜讀。對於矽谷不算陌生的我，也是受益滿滿。本書內容涵蓋軟體網路科技、資通訊、生技與公衛等不同領域，涉及矽谷獨特的創業生態、創新文化，及創業家非常受用的矽谷創投與募資經驗，加上許多精彩的創業成功故事。這些內容都與台灣有一定連結，以台灣角度做經驗的詮釋，讀者閱讀起來一定會覺得親切、有感，是一般坊間介紹矽谷成功故事的書籍，遠遠所不及的。

觀察台灣產業轉型多年，不論是大企業想要數位轉型，或者新創希望創新，都會想以矽谷為師。矽谷的精彩不只在於酷炫技術，矽谷獨特的創新文化、企業運作與對人才的重視，對台灣企業絕對還是他山之石。感謝IC與KT、所有傑出的受訪者，以及國發會的經費支持（應該是非常成功地幫納稅人投資），創作出《矽谷為什麼》這麼精彩的書籍，涵蓋了很多台灣菁英的親身經驗，特別值得讀者深深體會。最後，期待透過這本書的發行，加速台灣與矽谷創新再次連結！

推薦序 ——————————————————————

從時代的眼淚到時代的笑容

簡志宇／無名小站創辦人

當我收到益鑑（IC）與凱婷（Katie）的邀請，能為他們新書寫推薦序時，一方面感到無比的榮幸，IC與Katie所認識的傑出奇人不計其數，我能被訪問與收錄到這本書中已是莫大肯定；但另外一方面則感到有點心虛。在PTT的懷舊文中，開始會看到鄉民問：「知道無名小站的，現在都幾歲了？」我在矽谷接待台灣來的新創團隊時，也開始會聽到創辦人說：「今天見到本人很開心，因為我**小時候**超喜歡用無名的……」曾幾何時，無名小站與我已成為時代的眼淚！

我一介宅男變成眼淚一點也不奇怪，但能成為代表時代的眼淚，卻是一連串的巧合與意外。當初大學最大的心願是將來一定要做一個好工程師，找到一家好公司做國防役賣我當時還新鮮的肝。創辦無名小站與來到矽谷做創投，並非我原本的人生規劃。因為當時種種台灣特有因素（在這本書也都會提到），才讓我這般庸才，不小心站在產業變化與國際連結的浪頭上。回顧過去，

我常常心虛又感嘆，如果當初是由更優秀的人來把握這樣的機會，結果也許就不是時代的眼淚，而是成為對台灣產業與人才發展更有永續影響力的典範。

在「矽谷為什麼」的節目與書中，我聽到了希望也看到了曙光，現在又有一些新的機會，台灣很多優秀的人才，在累積了重要的經驗與能量後，占好了各式重要的位置，一觸即發。把這些故事整理與散播出去極為關鍵。這些資訊讓更多平時必須專注在本科本業的優秀人才，也能感受到市場與外在環境的變化，把握機會將自己累積的能量爆發出來，發光發熱。

而「矽谷為什麼」這樣的工作，也只有 IC 與 Katie 這兩個絕佳拍檔，才能真正做得好。他們各自經歷過多項高成長產業經驗與投資，地域橫跨太平洋美亞兩大洲。在人際關係中，我們常提到六度分離理論（Six Degrees of Separation），但是你直接透過 IC 與 Katie 可以認識到所有對台灣產業或趨勢有影響、有見解的重要人士。他們對「矽谷為什麼」的用心也是少見，以我自己與他們的對談為例，是我花最多時間準備的採訪之一。從對他們問題的思考，與問題背後的問題，還有節目步調與節奏的設計，到錄音品質的講究，每個地方都可以看出他們對細節的要求。

試想 IC 與 Katie 這個計畫如果是在二十年前開始，那今天寫推薦序的人，也許就是一個真正的天才創辦了有名大站。我更相信的是，《矽谷為什麼》只是一個開始，這也一定不是 IC 與 Katie 的最後一本書，我期待《矽谷為什麼》出世為 IC 與 Katie 下一本書的推薦序帶來新時代的笑容。

推薦短語

矽谷的創新來自於強大的生態系：技術、人才、資金、市場的整合。這個配方是長期的發展形成，很難被複製，更重要的是矽谷的DNA存在於價值、文化的實現，這樣的特質展現在Fail Early, Fail Great和Change the World的新創公司理想實踐上。很高興IC和Katie深入探討這樣的DNA，相信對有志於創新變革的CEO們有幫助。

——許毓仁／哈佛大學甘迺迪學院資深訪問學者、前立法委員

「以史為鏡，可以知興替；以人為鏡，可以明得失。」輔導新創多年，我最深的體會是：成功沒有必勝公式，而失敗挫折有錯誤軌跡可循。看《矽谷為什麼》所訪談的新創團隊們，最可貴的就是站在全球新創海景第一排，觀看矽谷前線拚搏的思考邏輯、戰略設計與執行優化。能從這些分享中萃取出給自己、給客戶的啟發，就是這本書最棒的價值！

——黃沛聲／立勤國際法律事務所主持律師

其實人才之間，能力的差別是微乎其微的，但其所處的環境和風氣能帶給他的養分卻存在著巨大的差異，而我認為矽谷最強大的魔法就在於此——為創業者打開格局和視野。或許不是每位創業者都能馬上置身矽谷，但從本書的訪談與紀錄中，可以透過他人的經驗學習，一窺矽谷的奧祕！

——鄭博仁（Matt Cheng）／心元資本創始執行合夥人

Chapter **1**__矽谷最新科技產業趨勢

Chapter **2**＿公衛醫療與生技

Chapter **3**＿天使、加速器、創投與募資

Chapter **4**＿創業故事與新創公司

Chapter 5__矽谷的企業與職場文化

作者序 _____ Preface

一千家獨角獸的年代

詹益鑑（IC）

　　來矽谷兩年多，真的是海岸第一排，什麼精彩的都看到。前半段的美股熔斷、居家避疫（Shelter In Place）、種族運動、加州野火不說，後半段因為疫情加上貨幣寬鬆造成的科技公司大成長、資本市場大狂飆，還有隨之而來的投資巨浪、上市熱潮，都在過去一年上演。

　　無論是創投（Venture Capital, VC）投資新創或出場獲利的資金規模、案件數量，抑或是創投本身募得新基金的規模，都紛紛超越過去平均數量的兩到三倍，其中最可觀的應該是美國創投募資金額去年到達 1,200 億美元，相較過往 400 億至 500 億美元的水平，去年真的是可謂圈錢大戰。

　　為什麼要趕在去年圈錢，一來是所有人都知道今年將因聯準會（Fed）縮表升息而邁入資本緊縮的階段，另一方面則是從前年底開始的出場熱潮及區塊鏈（Blockchain）產業收益，讓機構投資人、高資產個人或家族，都現金滿滿、獲利挹注到新募基

金上。

除了資本市場與創投市場的滔天巨浪，另一個讓我吃驚的數字是，過去兩年全球獨角獸（上市前估值超越10億美元的新創公司）數量激增。今年2月初，全球獨角獸數量正式突破一千家（見文末連結）。去年底其實就已經來到九百五十九家，那麼前年底呢？前年才五百六十三家，等於去年的年增幅是70%，幾乎可以說是獨角獸通膨的年代。在擔心資本市場是否過熱之餘，我們不妨先研究一下這些獨角獸的國家分布與創業者背景。

美國毫無意外以五百二十五家奪得冠軍，占比超過一半。最集中的區域是舊金山灣區（合計超過兩百三十家），灣區當中舊金山將近一百五十家，超越傳統上的矽谷（南灣）約七十家，東灣則有近十家。南加合計約二十五家，離北加有將近十倍的差異。東岸則是紐約九十三家、波士頓十六家、芝加哥十四家，德州三個主要城市合計十三家，西雅圖七家。如果說舊金山（約一百萬人口）跟整個灣區（約八百萬人口）是全球獨角獸最密集的城市與區域，當之無愧。

再來看看國際上的獨角獸分布。這一千家當中，中國恰巧兩百家，印度是七十家，英法德歐洲三強則是四十一、二十四與二十四家，巴西十六家、印尼六家、西班牙三家、土耳其兩家。這些都是人口大國。美國相鄰的加拿大十八家，墨西哥三家。顯然距離與人口不是關鍵，資本市場與新創生態系才是重點。

再來我們看看小國的數字。以色列二十家、新加坡十二家、南韓十一家、澳洲六家、荷蘭六家、瑞士五家、愛爾蘭五家、比利時三家。這些都是表現不錯的國家。但最讓我驚訝的其實是日

本，只有五家。義大利跟俄羅斯則是掛蛋。至於大家最關心的答案，台灣的獨角獸家數。答案是零，列表上一家都沒有。

　　或許統計方法上有些出入，但這顆蛋實在讓曾經參與台灣新創與投資多年的我非常難以接受。但若比較跟台灣有相近民情的日本、義大利，以及表現突出的新加坡、瑞士、以色列這些小國，其實我有幾個觀察。

　　首先，人口與市場規模顯然不是獨角獸數量的關鍵。就別說猶太人在美國許多領域的關鍵資源或人脈，新加坡、瑞士跟荷蘭、比利時都不是在美國擁有大量移民的國家，但產業與人口國際化程度都是同區域國家之間最高，許多菁英也都有國際名校學歷與工作經驗。從這個角度，同是已開發國家甚至工業大國的日本、西班牙、義大利，人均獨角獸數量很低，就不讓人意外。

　　其次，小國家當中，以色列、新加坡、南韓與瑞士，都是徵兵制國家。這些國家幾乎都有獨特的產業優勢，無論是國防工業、金融貿易、科技產業或精密機械、醫藥產業，這些國家都有高度的團結風氣跟強悍民風。以色列更是以優秀人才跟關鍵技術，甚至創業團隊都來自軍中著稱。反觀台灣，近年來從徵兵制逐漸縮短兵役年限與改革兵役制度，而其中的關鍵莫過於千禧年前開始實施的民間企業國防役，吸引大量理工人才進入產業。為什麼國防役對台灣產業貢獻極大，卻被我拿來分析台灣獨角獸難產的成因呢？

　　去年出自矽谷創投作家阿里・塔馬瑟（Ali Tamaseb）的《獨角獸創業勝經》（*Super Founders*），研究美國兩萬家獲得創投投資的新創，並將當中兩百家獨角獸與其他新創的創業者背景做了

完整分析。作者發現，在多數新創公司中，創業者的性別、學歷高低、創業時年紀甚至產業經驗，都跟是否成為獨角獸沒有絕對的相關性（生醫產業是少數的例外，生醫獨角獸創辦者的產業資歷格外重要）。

但是有三項創業者背景，跟成為獨角獸的機會有高度相關。第一個是名校學歷。根據分析，美國四大創業名校：史丹佛（Stanford University）、加州大學柏克萊分校（UC Berkeley）、哈佛（Harvard University）及麻省理工學院（MIT），校友創業成為獨角獸的機會也最高。這部分隱含了家庭背景、實習機會、校園創業風氣與周邊投資人密度等各項因素，也造就舊金山灣區與波士頓成為全美甚至全球最適合創業與投資的兩個熱區。

第二個是科技公司的工作經歷，尤其是Google、甲骨文（Oracle）、微軟（Microsoft）、Facebook（現更名為Meta）、LinkedIn等這些定義消費者行為與企業市場的科技巨頭。統計顯示，從這五家企業離職創業的員工，成為獨角獸新創的機會也較高。在這些企業工作，你會學到如何定義具有十億級市場潛力的使用者需求，並且透過產品開發的疊代過程，找到可規模化的成功商業模式。

最後一項因素，則是創業經歷與出售公司的經驗。統計中發現，具備創業失敗經驗的創辦人，下次創業成為獨角獸新創的可能性會提高1.6倍；而將公司以一般價格出售（未獲利出場）的創辦人，下次創業成為獨角獸的可能性會提高3.3倍。塔馬瑟的結論是，曾在前一次創業達成年營收1,000萬美元，或者以5,000萬美元以上市值將公司出售的創業者，被他稱為超級創業者

（Super Founders），這兩個條件是最顯著的獨角獸創業者背景。

　　從這三個因素，我們已經找到答案。90年代末由於台灣電子業起飛，加上中國生產力與消費力逐步開放，跟我同輩的理工碩博士幾乎都加入國防役、留在台企或成為台幹，既沒有出國留學也很少數進入全球科技巨頭，一方面缺乏對美國消費市場與企業用戶的理解，也鮮少有創業與出售公司的經驗，自然難以在北美創業及募資。

　　不說我個人的同儕經驗，千禧年之後的台灣留美人數遽減，但我卻是台灣人口出生率最高的一屆，研究所畢業正巧是千禧年，理論上出國人口按照過往應該是破新高，而非大幅減少，造就台灣電子業與半導體榮景的國防役真的很關鍵。潛在創業者的國際化經驗因素，也解釋了以色列跟新加坡為何有如此多的獨角獸，而日本與南歐各國表現平平。

　　回首半導體業跟電子業在台灣的成功，當年的創業者或投資人不是有海外經歷，就是有外商或外貿的工作經驗。就算沒有被計入國際獨角獸的數量統計，過去幾年台灣曾經成功出場過的新創企業，或者近期成功上市的準獨角獸，創業者也都擁有創業經歷或者海外學歷、跨國企業的工作經驗。

　　這一群成功創業者，無論是來到矽谷或者往返台美兩地，有些持續在創業，有些已經轉為投資人。他們的經驗與觀點，無論是產品開發、市場行銷、管理團隊、對外募資，都非常值得學習。此外，矽谷的科技巨頭有怎樣的職場文化、管理風格，創投機構如何看待創業者與產業趨勢，也都是我來到矽谷想要探究的主題。

　　「矽谷為什麼」就是為了直接面對這些矽谷創業者、投資人與科技產業、生醫技術，如何影響我們每一個人的生活、工作、創業與投資機會的節目。我也因為這個節目而結識許多新朋友、深入理解老朋友，讓我重新思考我錯過了什麼，又在幾次經濟循環中看到怎樣的投資模式，以及能否辨識出超級創業者的樣貌。

　　今年初，我把過去十五年的經驗與資源連結起來，加上在矽谷所見到的投資機會，號召一群在醫療、科技跟金融業的中生代經理人與連續創業者，以及幾位天使投資人，成立了台灣全球天使投資俱樂部（Taiwan Global Angels），也已經在矽谷開始投資幾個極有潛力的新創公司。我們的目標不僅是要投資矽谷，更重要的是協助台灣企業轉型，培育出一群有投資過獨角獸的超級投資人。

　　回首過去、展望未來，矽谷難以複製卻必須連結，如果我們要成為獨角獸的產地，方案已經很明顯，就是加速人才與企業的國際化，以及企業併購的推動與開放，並且認清唯有成熟的生態系與資本市場，才能孕育出超級創業者與投資人。這些方法不僅有跡可循，而且就在我們的節目訪談與這本書中。

全球千家獨角獸列表：https://www.cbinsights.com/research/1000-unicorns-list/

作者序 _____ **P r e f a c e**

在對的時間做出選擇，在風險中不斷挑戰自我

謝凱婷（KT）

　　首先，我要先感謝主持搭檔詹益鑑先生（IC）、協助整理所有訪談文稿的編輯陳雅言（Cathy）、商周出版副主編凱達，還有一直以來幫助我們很多的《數位時代》神團隊，社長素蘭姊、創業小聚總監凱爾、雙華、Eva，以及每一集參與我們節目的來賓講者，今天才有這本書的誕生。這本書是我們匯集兩年的節目訪談紀錄，加上我和IC的觀察，希望能讓更多台灣人了解矽谷在各領域的創新發展、創業和投資的趨勢。

　　主持「矽谷為什麼」這個節目真的是場美麗又意外的邂逅！我要特別謝謝IC開啟這個節目的靈感，2020年2月時，IC找我聊聊，說我們來開個矽谷科技觀察Podcast好嗎？那時我跟本還沒理解到什麼是Podcast，雖然我創業和經營數位媒體多年，矽谷產業趨勢觀察對我來說卻是個新嘗試。但憑著「You Never Try, You Never Know」的信心，當聽到IC的想法時，就一口答

應要一起主持這個科技 Podcast。我們立即著手討論節目方向，節目 Logo 和視覺設計，並架設好所有錄音設備；原本我們的想法是要租借會議室，每週邀請來賓到會議室一起錄音，所有的錄音設備都是實體設備。但沒想到疫情在 2020 年 3 月突然來到，那時矽谷亂成一團，政府突然宣布居家避疫，各家科技公司急著關閉辦公室。記得我先生老胡在慌亂之中，還抱著一堆電腦設備和植物回到家中，而我則是衝到學校趕緊把小孩接回，所有超級市場裡的貨品都被一掃而空，非常像電影災難片的場景。那時不知道迎接我們的未來是什麼，有的只是很多擔憂和眼淚。

　　「矽谷為什麼」就是在這樣的時空背景下誕生的，我記得那天我趕緊打給 IC 討論：「看來我們的實體設備是用不了，要趕緊轉換為線上錄音，我要先去搶設備。」居家避疫的第一天，我火速在亞馬遜（Amazon）訂購麥克風和線上錄音設備，給 IC 一套，我自己一套，接著亞馬遜就宣布要暫停送貨三十到六十天，而我們收到錄音設備以後，麥克風就全球大缺貨一年以上。沒想到在這樣慌亂中緊急成立的「矽谷為什麼」，就這樣開錄了。我們總是跟來賓說，我們錄音的第一集就是居家避疫第一天，非常具有時代感和歷史性。在這兩年多的節目期間，學習和成長很多，對於人生也有全新的體悟，我常聽著來賓的創業分享而感動哽咽著，因為創業之路實在太辛苦，只有走過這條路的人，才知道個中滋味和血淚心酸。「矽谷為什麼」每一集就代表著一個來賓的精彩人生，如何從台灣飄洋過海來到美國落地生根，每個故事都令人動容，雖然是錄音，但來賓的故事卻深刻地在我腦海中留下各種影像。我常覺得我何其幸運，可以坐在搖滾區聽著每位

來賓訴說創業故事或他們對專業領域的分析和觀察，過程裡，我學習了謙卑和同理，學習了如何去挑戰更多不可能的人生。我和IC也在這個節目裡培養出絕佳的默契，善用我們彼此的優勢，在訪談中互相快速補位，才有每一集與來賓們的精彩深度訪談。

　　在過去，可能大家對我比較熟悉的角色是「矽谷美味人妻」或是「美味生活」（HowLiving）執行長（CEO）。有些人說我是網紅，有些人說我是網紅創業家或是料理作家，這些都是我過去人生所累積的巨大能量。人生總是充滿著驚奇，今年是我來到美國的第十九年，從大學剛畢業來到美國念商學院MBA，認識先生進而結婚生子。在2009年金融海嘯時，我嘗試第一次網路創業，在美國跨海創立精品電商平台，進入台灣的早期電商市場。但因為那時要兼顧美國家庭和台灣公司，在體力和精神上難以負荷，因此決定休息一陣子。就在休息期間，我幸運懷了第二個寶寶，因為長時間在家裡休養，我的心思便轉入到社群媒體的經營。

　　我在2011年成立了「矽谷美味人妻」部落格，開始經營Facebook粉絲團，很幸運趕上社群媒體的流量紅利時期，我的粉絲流量快速累積到數十萬人，也因為如此，我開始撰寫料理書籍並在2013到2015年出了一系列的暢銷料理食譜書。在2015年接受了美國最大的料理影音平台Tastemade邀請，成為他們第一位華語料理節目主持人，還接受許多美國媒體專訪。也因為如此，讓我一腳踏入「數位媒體」這股洪流中，成立了全球華人料理平台「美味生活」，致力於發展快速料理來改變每個家庭的餐飲健康。

　　很快又接受阿里巴巴集團的邀請，合作很多料理直播節目，創下每集收視千萬流量的紀錄。因為精準迅速地切入數位媒體賽道裡，受到很多媒體報導，進而吸引了許多創投機構的關注和聯繫，讓我快速累積許多募資經驗。在2017年，很幸運接受心元資本（Cherubic Ventures）的投資，我很難忘記心元創辦人鄭博仁先生（Matt）跟我說的話：「創業需要保持初心，你的創業解決了什麼問題？幫助了人們什麼？」這一路上他是我的創業導師也是摯友，教導和扶持我的事業。當我開始想從創業走向投資人的角色時，Matt也不吝分享他的投資心法和獨到的觀察見解，對於我和IC的Podcast節目更是給予很大的鼓勵掌聲。

　　在主持「矽谷為什麼」的過程裡，讓我開始重新思考我的人生。特別記得我們第四集的來賓簡志宇先生（Wretch），他分享創辦無名小站的過程，如何在對的時間做出選擇，擁抱人生新的階段。有段話深植我心、影響巨大，我記得那時我問他：「Wretch，不是每個創業者都會成功，創業成功的機會或許只有1%，那剩下的99%創業者，你會對他們說什麼話？」簡志宇先生回答我：「創業成功的人，我會跟他說恭喜。而創業失敗的人，我會拍拍他的肩膀，鼓勵他趕快從挫折裡站起來。至於還在明知會失敗的創業裡，卻苦苦捨不得放手的人，我會為他們感到難過。因為他們不上不下，看不到盡頭卻又浪費自己的人生和時間。」Wretch這句話驚醒了我，在創業的路途上，我們不是不能接受挫折，而是要理解自己身處的位置，究竟有沒有機會成功？如果機會渺茫，是不是應該放手，重新擁抱另一個項目，朝新方向快速前進？

　　在這集訪談之後，我重新審視過去的創業過程，有失敗也有成功之處。在疫情的衝擊之下，我的創業成功機率又有多少？這也促使我訂下新的人生目標，或許在創業之外，我可以將「矽谷為什麼」這個節目的影響力放大，幫助更多正在全世界努力的台灣人。也因為在這個節目的訪談過程裡，開啟了我對 Web 3.0領域的興趣和深度觀察，轉向矽谷天使投資人的新身分，開始投資新創團隊和私募基金。

　　從創業到矽谷天使投資人這段路程，受到許多前輩們的提攜帶領和鼓勵，讓我有了一些新的想法，如何將我們現在手中的資源逐步整合起來。在創業這條路上，我累積了非常豐富的數位行銷、社群媒體經營、公關媒體關係和募資經驗，也很希望能發揮這些經驗幫助台灣人走入國際、接軌世界。因此我和我先生老胡，在今年共同成立了「矽谷影響力基金會」，期待能整合「矽谷為什麼」的資源，結合每集來賓還有矽谷各個科技協會社團，有計劃地去推動台灣人在矽谷科技界的活動和新創投資。以慈善為目的，幫助台灣和矽谷連結，推動更多台灣人來到美國發展。再次感謝聽眾和讀者的長期支持，我和IC會繼續專訪更多來賓，透過我們的節目和觀察，讓大家更能理解美國的創新發展、長期投資和創業趨勢。希望能匯集所有台灣人的力量，一個拉一個，在全世界一起努力打拚，以身為台灣人為傲！

CHAPTER 1

矽谷最新科技
產業趨勢

導讀（1）———————————————————

從產業趨勢挖掘投資矽谷的機會

詹益鑑

身處科技新創與創投最密集繁榮的矽谷，又遭逢疫情衝擊，讓我見到實體產業如何受創、科技業又如何加速產業數位化與破壞式創新的力道。從回顧過去兩年矽谷發生了什麼事，或許可以預測未來五到十年的產業發展與投資趨勢。

疫情前後的產業板塊異動

首先，網路產業加速成長或壟斷，例如亞馬遜除了電子商務受惠於疫情，亞馬遜雲端運算服務（Amazon Web Services, AWS）也因為各種產業的數位化而受益，並進軍醫藥業；Shopify、PayPal、Square的營收受惠於線上零售與實體交易電子化而大幅成長；Facebook與Google的數位廣告生意、Netflix跟Zoom的服務需求大幅增加等，網路業的業績都是倍數成長。

其次，生醫產業加速數位化與科技化，由於次世代定序

（Next Generation Sequencing）、基因編輯（Genome Editing）、個體化醫療（Personalized Medicine）跟醫療物聯網（Internet of Medical Things, IoMT）的技術都已經成熟，加上美國人口結構已經進入老化最快速的十年，搭配疫情造就的遠距醫療需求，線上看診、居家檢測的趨勢明顯成長，新創投資額與併購案大幅增加，將加速醫療產業、保險產業的數位化與智慧化。

再者，教育、金融、交通、地產等行業的數位化與去中心化，將加速進行。相關產業的幾個平台近期也都開始準備上市，例如加密貨幣（Cryptocurrency）交易、保險科技平台、線上教育平台等，而且幾乎都採用過去兩年最為熱門的「特殊目的收購公司」（Special Purpose Acquisition Company, SPAC）上市模式，將會加速傳統服務業的數位化速度與資本化規模。

最後，消費性航太、智慧能源、生物駭客（BioHacker）、3D列印、基因編輯，都已經落入指數型成長軌跡的起點。而科技投資人現金滿滿，上市熱潮持續，離職創業正夯，加上跨領域的科技整合、破壞式創新方興未艾，未來十年又是一波，運算科技結合人工智慧（AI），2030年的奇點（Singularity）降臨近在眼前。

台灣投資矽谷的優勢與機會

但除了技術發展、產品開發與市場需求，新創產業最需要的還有資金、人才與供應鏈。在過去兩年我擔任Berkeley SkyDeck與500 Global（原500 Startups）兩家加速器的創業業師，充分感

受到硬體新創在智慧健康、環境感測與航太科技等領域的起飛，也看到相較於軟體新創或區塊鏈題材，這一類新創不僅在矽谷不易獲投，更需要供應鏈管理與製造業資源。

　　台灣雖然有大型製造業集團與兩代移民在美國進行新創投資，但企業創投因為管理成本不做種子期投資，而本地長大、熟悉網路新創的二代多半不投資硬體。較有機會投資的是第一代的台裔天使，但這些前輩多半已經財務自由或交棒二代，已退出第一線的投資與管理工作。

　　而對於身負轉型升級壓力的台灣製造業二代，若要打造智慧製造園區、投入數位轉型，關鍵不是設備與軟硬體，而是下一波的指數型成長訂單會在哪裡。投資有機會成為客戶的矽谷新創，就是在投資自己與企業的未來。

　　在開源不易、節流困難的狀態下，供應鏈的缺工缺料很可能成為壓死矽谷新創的最後一根稻草。而因為疫情與中美情勢，中國人才、熱錢與製造輸出都成了違禁品，此時正是台灣投資技術、產能、資金與人才的大好機會。

　　在新創圈這麼多年，我也觀察到即便投資同個產業與管理團隊，多支創投基金的獲利差異往往來自進場時機。每當全球性產業或經濟危機過後，新創估值大幅降低，基金募集與開始投資的年份，往往成為日後獲利倍率的關鍵因子。舉例來說，達康（.com）股災與金融海嘯過後的兩年，也就是2003年與2010年所成立的創投基金，日後都成為前後十年績效最好的基金募集年份。

從產業趨勢抓住投資布局的商機

　　如同序文所述，過往兩年的科技業上市、新創投資與創投募資巨浪，是否是泡沫無從定論，但通膨導致的貨幣緊縮政策必然發生。在美國資本市場即將因為升息而調整的短期未來，加上種子期新創目前所遭遇的各種艱困，接下來就是投資早期新創的最佳時機。而因為疫情期間高速成長的科技公司與剛上市的新創，為了在資本市場上持續成長，勢必在未來三到五年持續收購，也是這些早期投資的最佳出場機會。

　　若創業的成功關鍵在辨識需求、提供方案。投資的獲利因子則是研判時勢、順勢進場。對於二代接班人來說，承前經營已經不易，啟後更是要找到開創的動能與機會。除了因為時機創造的投資績效，最重要的是把下一波成長動能掌握在自己手裡，並藉由這些投資經驗與業務能力的累積，增加接班所需要的經歷與戰功。而台灣製造業的數位轉型，就從投資位在矽谷、需要台灣獨特資源的高成長新創開始。

　　本章節我們將訪談許多產業專家、創業者、投資人與經濟學家，呈現資料科學、半導體產業、區塊鏈與加密貨幣的產業趨勢與人才需求，並分析疫情之後美國的經濟與財政措施將對新創與投資造成的影響。回首過去、放眼未來，矽谷將再次用科技與創新帶領未來十年的產業浪潮；台灣在過往兩波錯失了網路與行動產業，這一次我們能否勇於投資並且站在浪頭上？

導讀（2）

元宇宙的世界觀與NFT未來經濟學

謝凱婷

　　疫情就像一顆不定時炸彈，改變了我們對於生活的想像力，因為在家工作以及人與人在真實世界的社交距離疏離感，造就了元宇宙（Metaverse）這幾年的高速發展。2021年最重磅的消息是，從Web 2.0崛起的Facebook，宣告社交媒體將進入一個新紀元，改名為「Meta」的Facebook，也同時宣告元宇宙世代的發展。而2022年初，微軟以687億美元收購遊戲商動視暴雪（Activision Blizzard），稱該併購交易為「元宇宙的基礎」。當兩大巨頭都同時搶入元宇宙世界裡，是不是也代表著下一代網際網路正高速前往一個全新的領域？

什麼是元宇宙？
該怎麼定義Metaverse這個新名詞？

　　過去幾年我們可以看到虛擬實境（Virtual Reality, VR）、

擴增實境（Augmented Reality, AR）、混合實境（Mixed Reality, MR）多種虛擬沉浸的遊戲、載具、工具在快速發展著，但元宇宙給了有別於過去VR和AR虛擬世界的全新定義。如何讓人類在虛擬世界和真實世界快速連動，不被介面阻隔，將使用者化身為虛擬替身（Avatar），與其他使用者產生互動和真實體驗，是元宇宙的精神所在。在過去，我們所定義的虛擬世界，需使用VR和AR載具，如VR頭盔和AR眼鏡。在元宇宙的世界裡，這些不再是必需品，可以廣泛地被應用在個人電腦、遊戲主機和手機，並且最重要的是，可以與他人在虛擬世界裡產生互動和社交應用。

元宇宙改變了什麼？

從 Web 1.0、Web 2.0，直到走入最近 Web 3.0世代，元宇宙跟過去的網路世代最大的差別在哪？又改變了我們什麼？從金融、製造、媒體、零售、時尚、娛樂、醫療和教育，元宇宙正在快速翻轉著我們的世界。微軟的HoloLens，從AR投影信息技術和AR眼鏡，幫助了工廠製造流程的簡化、資訊蒐集，也協助了專業醫療人員，在手術過程提供訊息和立體投影。Meta的Quest眼鏡已賣出了八百萬副，從沉浸式的VR體驗裡，創造了遊戲的真實感受，並進一步在娛樂方面提供了真實互動，並且可廣泛應用在社交、會議、健身、教育等不同領域。Nvidia也早早預測了元宇宙的高速發展未來，自詡為創造元宇宙架構的推動者，以高速運算為核心，提供全方位解決方案。而蘋果（Apple）和

Google也正摩拳擦掌要進入元宇宙，從各家科技巨頭的元宇宙計畫裡，看到了更多的寬廣未來。

NFT未來經濟學

非同質化代幣（Non-Fungible Token, NFT）是實現元宇宙經濟學的重要發展，因為區塊鏈獨一無二、不可更改的特性，NFT可將數位資產或是現實生活裡的有形資產，標記為原生資產所有權。唯一性是NFT的價值所在，可用來收藏和投資之用。

在過去，我們要買賣數位資產或真實世界裡有價值的藝術品，需要靠多方驗證合約和冗長的法律及金融交易程序才能完成。但NFT改變了原本我們習慣的玩法，利用區塊鏈可同時驗證多方合約的特性，標記產權並產生不可取代性。再利用加密貨幣的流通性，可快速在NFT交易市場裡買賣商品。

NFT這個概念剛發生時，大部分的商品都集中在數位藝術品，隨著NFT市場快速成長，買賣的商品類別也跟著多元化。像是NFT最大國際交易市場OpenSea，就能看到在上面交易的類別有數位藝術品、音樂、區塊鏈域名、遊戲寶物和元宇宙遊戲產權。還有過去被人用來珍藏和交易的球員卡，也因為NFT改變了收藏模式和交易方式，如NBA Top Shot，將球員的精彩鏡頭變成一個個數位典藏，可用NFT自由交易和標記數位產權。

還有電玩遊戲，也因為NFT進入了新紀元，過去我們熟悉的電玩遊戲寶物交換，在NFT世界裡，除了寶物，更可以交易元宇宙電玩遊戲的虛擬地產、房屋建築，進入「邊玩邊賺」

（Play to Earn）的全新玩法。這樣創新的模式，也造就了更多藝術家、明星、球員、名人、遊戲商投入發行NFT，讓NFT市場益發蓬勃。在2020年，NFT市場產值是6,678萬美元，在短短一年光景內，2021年的NFT市場產值已經成長到139億8,190萬美元，成長幅度超過兩百倍，這是快速又驚人的發展，不是嗎？

元宇宙和NFT的下一步

當世界因為元宇宙和NFT風起雲湧時，有很多新的項目和熱錢快速湧進，不免讓人反思，這樣的風潮是不是一種過熱現象，有沒有可能會是另一波泡沫的開始？就像Web 1.0時代，有太多科技公司的市值和股價超過本身的實際營收和價值，過度炒作之後，就像潮水退去後的殘敗，讓矽谷在Web 1.0時慘遭痛擊，花了好幾年的時間重新站起。Web 3.0之下的元宇宙和NFT熱潮也難免會讓一些投資人開始省思，在過度炒作之下，迎接我們的未來，是更多的高點熱潮還是泡沫？

隨著各科技巨頭在元宇宙的布局，加上有越來越多新創公司正快速投入元宇宙，相關的硬體設備（如VR頭盔，AR眼鏡）、電腦和手機虛擬介面、軟體內容的建構，以及高速運算的晶片和5G快速聯網，多方資源正在快速整合中，讓元宇宙的世界更加宏觀完整。接下來，元宇宙將從個人體驗快速走向多方社交的體驗方式，如Meteverse社群概念，讓喜愛元宇宙項目的同好者，可藉由VR或是電腦3D環境，在元宇宙世界裡自在交流和互動，創造全新的體驗。就像電影《一級玩家》（*Ready Player*

One），建構出一個真實與虛擬連結的世界觀，可以自由在元宇宙世界裡進行交朋友、買賣交易、賽車比賽等多重社交、商業和娛樂活動。

　　而NFT也會隨著各國法規與時俱進，從橫衝直撞的高速成長期，在法規、交易環境和資訊安全的進步之下，逐漸能有正常且穩定的發展，落實在每個人的生活裡。就像剛開始時我們不習慣電子商務網路購物，但隨著法規的保護和軟硬體系統的成熟，網路購物已經變成我們生活裡的必需品。這需要長時間的演進才能趨向成熟，在NFT發展初期，我們更需要以開闊的心態來看著這個全新的經濟體，大膽邁進但更謹慎小心地擁抱NFT的未來。

　　讓我們一起期待即將到來的、更偉大的元宇宙世界和NFT未來經濟吧！

1

二十一世紀最性感的工作：
大數據與資料科學家的未來趨勢

專訪管其毅／矽谷資料科學家

矽谷知名資料科學家（Data Scientist）管其毅擁有史丹佛統計系、工程經濟系統與作業研究雙碩士，先後任職於LinkedIn、eBay，擁有二十年商業數據分析的豐富經驗，特別專注於最先進的大數據分析和解決方案、資料科學應用、全球風險和欺詐管理，以及市場行銷效果實踐，他特別與我們分享大數據發展史，以及二十年來對各種應用的觀察。

資料科學家也是大數據下的產物？

從2008年開始，資料科學的概念由LinkedIn的帕堤爾（D.J. Patil）和Facebook的哈梅巴赫（Jeff Hammerbacher）在《哈佛商業評論》（*Harvard Business Review*）上提出，而所謂的資料科

學，主要是使用科學的方法、過程、算法和系統，從許多結構化與非結構化的數據中，提取知識、見解和解方。當時這個全新的領域並沒有任何過去的職稱可以引用，而資料科學家這個全新的職稱，便是從當時尋找人才的眾多職稱命名中脫穎而出，用數據證實為最受歡迎的工作，更榮登二十一世紀最性感的工作，大數據的魔力可見一般。

管其毅指出，為什麼現在矽谷資料科學變得如此熱門，天時、地利、人和三個層面缺一不可：

天時：產業改變週期縮短，數據越來越多

四十年來，高科技的改變週期越來越快，從1980年代的企業資源規劃（ERP）、客戶關係管理（CRM），到了2000年的Web 2.0，雅虎（Yahoo）、Google、eBay的誕生，然後是2005年LinkedIn、Facebook出現，到近期共享經濟、金融科技（FinTech）等，很多產業的週期改變速度明顯加快。人類對於手機、電腦的運用達到極致，數據也變得越來越複雜；計算能力和算法也相應提升，從2008年開始的大數據時代，也因此沉澱、展開。

地利：鼓勵新創的矽谷文化

矽谷的文化是勇於創新，在大數據和雲端計算的結合下，為資料科學的發展提供一個非常重要的動力；加上灣區許多高科技企業投入許多資金在資料科學上，很多的應用與新業務也跟著

產生。

人和：校園人才輩出

矽谷聚集了史丹佛與柏克萊兩所學校的優秀人才，同時更吸引了全美與全世界的人才，因此可以快速成長。

資料科學的多元運用，
讓人力花在更值得的地方

管其毅指出，2006 年進入 eBay 時，亞馬遜剛起步，阿里巴巴還沒誕生，當時就協助 eBay 利用大數據建立風險管理。管其毅笑著說，當時的買賣常有許多詐騙糾紛，因此首創建立了賣家與買家標準，甚至後來阿里巴巴與亞馬遜都學習採用，可以說是在 eBay 六年半工作期間，兩件最值得驕傲也影響深遠的事。

2013 年進入 LinekdIn 後，管其毅發現，每季總會需要花三到五位資料科學家研究 LinkedIn 針對 VIP 高級訂閱服務的行銷傾向模型，透過客戶累積的資訊，用大數據的概念做出了解決方案。管其毅在加入團隊後，建立了從資料處理、建模到模型進化、執行自動化的流程。每星期更自動生成挑戰模型，挑戰冠軍模型，進而取代，透過自動化學習，幫助資料科學家省下許多時間，以投身更有價值的工作。

除了上述應用，資料科學還有許多應用場域，例如因為疫情產生的遠距工作，或是企業尋求轉型的雲端服務等，甚至數據本

身的正確性、即時性與透明度等，都要接受資料科學的挑戰，這也刺激企業內部產生許多不同的新業務或產品。

如何進入資料科學家的領域？

管其毅指出，很多資料科學家都是透過自學而來，但要成功進入這個領域有幾個關鍵要素需要注意：

1. 喜歡玩數據，不能怕數據：能不能將數據裡隱藏的訊息通過建模等方式找到，並加以驗證。程式、數據的可視化，知道怎樣選取最有效的方式，將數據中的訊息準確明瞭地表示出來，這些都是必備的基本功。

2. 要有統計分析的觀念：處理數據產品需要有統計分析、實驗、A/B 測試（A/B Testing）等知識，要具有比一般人更強的統計觀念與知識。

3. 要有建力模型的知識與能力：包括統計模型、資料探勘（Data Mining）、神經網絡（Neural Network）學習、機器學習（Machine Learning）等知識。

4. 專業領域知識與商業運作的基本了解：很多人想做資料科學家，但也要了解自己想運用資料科學解決哪個部分的問題：產品？市場？行銷？還是業務？有了專業領域的知

識，才能善用數據產生批判性思考，進而解決問題。

5. 和各種非資料科學家的溝通能力：資料科學家通常都需要
　　和產品經理、工程師等緊密合作。協調組員之間的訊息傳
　　遞、將一個數據驅動的測試方案執行出來，都是一個優秀
　　的資料科學家應該具備的素質。

成立台灣資料科學社群，讓台灣與矽谷接軌

　　管其毅同時於矽谷成立「台灣資料科學社群」（Data Science Meetup），他表示，在LinkedIn工作的過程中發現人脈的重要，更因為接觸許多台灣、新加坡與中國的參訪群，看到資料科學爆發的需求，決定成立這個社群。過去接受過許多前輩的幫忙，希望透過「聯合世代」的概念，回饋台灣企業，加速數據的應用與重視。

　　目前美國每個月、台灣每一季皆有一次主題會議，除了分享如何善用數據科技解決問題，同時也有分組的專案進行。在成立三年的努力下，目前可以很自豪地說，80%在美國灣區重要的資料科學家都在社群裡，可以隨時找到人脈與協助。

　　管其毅表示，除了透過「台灣資料科學社群」讓台灣與矽谷產生連結，他也同時協助學校端，推動產學合作專案（Capstone Project），在正常的學期期間，透過引進企業數據，讓學生學習如何解決企業真正遇到的問題，並藉此了解企業的真實運作。從線上到線下，開啟人才、企業與學校三贏的契機。

＝ ＩＣ 筆 記 ／ 詹 益 鑑 ＝

如果說個人電腦、視窗作業系統（Windows）跟網際網路的出現是二十世紀末最重要的消費者行為與產業變革，那麼數據驅動的資訊作業流程，從資訊業、電信業到金融業、服務業與製造業，從大型系統到你我的手機與穿戴裝置、車用與家用的物聯網裝置，涵蓋消費性產業與企業解決方案，成為智慧生活、智慧健康、智慧城市與智慧生產、智慧能源的所有基礎。

在過去因為感測元件、計算裝置與頻寬的昂貴，加上人機互動的頻率不高，所以許多行業必須採用人工統計跟概算、精算來設計產品、調整服務方案與企業策略；但隨著聯網裝置、寬頻網路與終端計算與人工智慧的出現，資料科學不僅是顯學，更是所有產業運作的基礎，是二十一世紀的基礎語言與工具，橫跨科學、工程、生醫、公衛、金融、法律、管理、設計、製造、品管、銷售、服務與政府部門。也因此，如何從矽谷的資料科學家與社群中得到最新的觀點，就是我們將其毅的經驗與該社群介紹給台灣聽眾與讀者的初衷。

歡迎參加「台灣資料科學社群」：

訪談連結：https://open.firstory.me/embed/story/ckjmoxa1wn0ko0893gh22cifc

2

半導體業成當紅炸子雞！矽谷半導體產業趨勢及新創發展

專訪陳俊儒／LitePoint 商業發展總監

　　台積電一向是台股的鎮山之寶，也是台灣的護國神山。近期它又創下了一項台灣之光，不但市值突破12兆台幣，2020年11月16日帶領台股突破了歷史新高，甚至在美國這個全球最大的股市，市值也一舉站上前十名內，成績相當令人驚豔，更帶動半導體產業成為備受矚目的新星。

　　成立四十年的台積電一躍成為全世界市值最高的半導體公司，由美籍台裔黃仁勳創辦的Nvidia也強勁崛起，透過創新技術跟上科技的潮流，都是台灣之光。目前在新創公司LitePoint擔任商業發展總監（Director of Strategic Business Development），同時也是北美台灣工程師協會（North America Taiwanese Engineering & Science Association, NATEA）矽谷會長的陳俊儒（Rex）指出，矽谷本來就是因為當地有許多從事加工製造高濃度矽的半導體行

業和電腦工業而得名。

　　過去半導體業屬於高資本投資，但隨著科技的演進，現在矽谷半導體業的創業趨勢也大為不同。以前半導體產業比較像是許多大企業內的創新或分拆，現在新創公司則有許多機會，透過類似像 Silicon Catalyst（於2014年成立）這樣的半導體新創加速器，提供新創公司從設計晶片前到打造晶片後的支援服務，例如半導體設計工具、智慧財產律師服務和商業策略顧問等，降低其創業初期的成本和風險。

　　此外，以前比較多大公司才有發展半導體的本錢，但是現在，大公司可以透過支持新創企業及整合小公司來取得技術，不但激發更多新創企業的發展，也更具有彈性與多元性。

　　擁有超過十五年矽谷高科技公司的經驗，曾經在英特爾（Intel）、高通（Qualcomm）、思科（Cisco）擔任研發主管的陳俊儒指出三個目前全球半導體的趨勢。

1. 更多應用領域

　　傳統的半導體產業多擁有自己的生產線，著重在硬體的布建，現在則走向更多新領域，包括大數據、量子電腦（Quantum Computing）、通信（5G）、人工智慧等。

2. 軟硬體整合

　　半導體的趨勢也往軟硬體整合發展，蘋果電腦的生態系就是

一個垂直整合的案例，一開始是MacBook，到後來的iPod、平板、iPhone等，都有包括軟體系統（MacOS、iOS）。Google的Pixel Phone有了宏達電（HTC）硬體團隊後，除了往手機發展，更往照相鏡頭圖像處理（Pixel Visual Core）發展，有了軟硬體的整合，系統的穩定性將更高。

3.看準趨勢，專業分工，找到應用領域的適用性

每家企業的晶片都有自己專屬的DNA，就像英特爾主要是以桌上型與筆記型電腦為主，雖然知道兩者開始式微，需要往行動裝置靠攏，但是遲遲無法克服技術門檻，也是造成英特爾股價頻頻被後起之秀超越的主要原因。

台積電則專注於生產半導體晶片，所以這些年來較英特爾技術更為領先，更能在兩年前就看到最新趨勢。

Nvidia主要是繪圖處理器（GPU）之發明者與領先者，隨著AI的興起，有許多平行處理的需求，剛好是GPU可以應用的領域，也讓Nvidia因為轉向AI領域順勢而起。

以AMD為例，2014年任用執行長蘇姿丰（Lisa Su），公司氣氛有了很大的改變，選擇不與英特爾正面衝突，將當時AMD有限的研發資源投注在個人電腦、筆電、伺服器的處理器CPU及電腦繪圖晶片GPU，推出電腦、伺服器的兩大新產品線Ryzen、EPYC處理器。AMD這兩年股價持續上漲，與其成功轉型有極大的關係。

半導體產業正面臨新革命時代的開始，即使大家現在因為疫

情在家工作，半導體業的營收仍持續創新高，代表的是需求持續提升。以陳俊儒現在所在的北美台灣工程師協會來說，過去主要是學者、教授匯集交流的園地，現在也與產業進行高度連結，透過科技對談（Tech Talk）、活動舉辦等開創更多台灣與矽谷間技術的交流，期待結合雙方資源，引領更多世界半導體產業趨勢。

═ IC 筆記／詹益鑑 ═

　　說來好笑，我的英文名字來自我中文名字翻譯的字首，一來方便好念，二來容易介紹，但念物理與電機的我，卻從來沒有進過IC產業。雖然如此，當年念光電工程與奈米影像的我，畢業後倒是在兩家企業蓋過兩次無塵室，也管過奈米影像跟半導體用的研究設備。在創業的經歷中，也從事過微機電元件的研發與應用，以及半導體使用的高解析力顯微鏡，進出過設備林立、管理森嚴的台灣護國神山某些廠房。

　　講到IC產業，無論是矽谷的起源，又或者台積電的崛起，幾乎都是因為創始者當時的特定因素而選定了這兩個地方。電晶體之父肖克利（William Shockley）因為母親住在史丹佛大學附近，為了就近照顧母親而捨棄當時最發達的波士頓與德州，而將矽谷從果園良田變成科技園區。同樣地，中國出生並在美國接受高等教育而後工作至五十歲的張忠謀，既非台灣出生也沒有在台灣受過教育，卻因為職涯的轉折與台灣政府的邀請，成就了多年後的護國神山。

某種角度來說，沒有肖克利就沒有後來的矽谷與英特爾、惠普（HP）與所有科技公司，而沒有台積電也就沒有最有效率的晶圓代工與摩爾定律（Moore's Law）的長年穩定斜率。搭配全球化的發展，人類也在過往五十年享受了豐碩的科技文明果實，戰爭、瘟疫與飢荒也幾乎絕跡多年。直到新冠疫情與中美對立產生的數位轉型與供應鏈危機，一方面讓矽谷與台灣在過往兩年出現前所未有的成長，但面對區域戰爭與去全球化的威脅，也許半導體科技的下一個重要應用，是化解人類與地球的巨大危機。

訪談連結：https://open.firstory.me/story/ckjmoxa38n0lg0893gicovpon

③

找出未來潛力股！從矽谷產業生態到長期投資策略

專訪陳仁彬／INSTO創辦人

　　擁有矽谷、台灣、中國多年工作經驗，擅長矽谷產業觀察和趨勢分析，對於美股趨勢具有精準眼光的國際收付款網路平台INSTO創辦人暨執行長陳仁彬（Bruce）指出，2000年新浪上市，他身為創業團隊的一員，正好躬逢其時。但新浪上市後隨即遇到網路泡沫化，新浪在2000年4月13日掛牌，從17元漲到58元，但之後居然就跌到1元長達三年，期間市值甚至低到只有公司現金部位的三分之一。到了2004年，新浪開始獲利，股價也逐漸成長到最高157元。親身經歷過這個上沖下洗的過程，讓陳仁彬更了解一個公司上市、成長可能會經歷的過程。面對接下來的投資，即使遇到大風大浪也相對有耐心，漲過200%、300%也無所動心。

以陳仁彬的成就與過往的經歷，大家一定想不到他過去念的是美術，但因為個人對於程式的喜好，透過自學，進入研究所鑽研電腦科技與 3D 動畫。從小在藝術上創意的激發，加上對於科技的鑽研學習，也造就了陳仁彬多元的跨界能力。一路從 3D 動畫師到成為多家跨國新創企業的專業經理人，到現在成為新創創辦人，從台灣新竹科學園區到矽谷，這一路豐富的經驗，讓他對矽谷產業趨勢的分析有相當不同凡響的見解。

三年三家新創公司的經歷，
覺得自己創業是最好的選擇

陳仁彬說，在 2010 到 2013 年內曾快速經歷三個新創公司，總公司分別位於矽谷、瑞典與北京，其中瑞典公司的股東及創辦團隊皆為明星陣容，但擴張過快，同時進軍十二個國家的市場，總公司一聲令下，各地分公司說收就收。之後也曾加入總部在北京的中國公司，但後來發現中國並不是一個自由競爭的市場，就算公司合法經營，只要政府一個命令，說下架就下架，風險相對高。在快速經歷三個不同國家的新創團隊之後，才決定相信別人不如相信自己，走上獨力創業之路，最後在美國創辦了 INSTO。在這個過程中，陳仁彬也希望為台灣新創盡一份心力，拉近台灣與矽谷的距離。

「矽谷 Long Stay 計畫」是陳仁彬長達六年對台灣新創的協助，提供位於加州矽谷與密蘇里州堪薩斯城的空間，作為台灣新創團隊的辦公及住宿使用。台灣新創團隊到美國最大的花費就是

住宿，初期為私人贊助，後來也透過工研院與精誠資訊的贊助，協助讓台灣新創業者可以在矽谷紮根，不用擔心住宿開銷，能專心發展。

台灣新創業者走進美國的基本功

說到對於台灣新創業者的觀察，陳仁彬表示，台灣團隊的技術能力相當優秀，但最大的問題點在於語言掌握能力不佳。要到另一個國家發展，對於語言的掌握是基本。像印度、菲律賓等國家，即使英文發音各異，但是表達能力就是比台灣強。台灣很多創辦人皆擁有極佳的中文表達能力，但說到英文的聽、說就卻步，所以除了擁有堅強的技術核心，語言溝通將是台灣新創需要強化的重點。

如何找到後疫情時期的投資標的？

面對後疫情時代的來臨，我們如何找到值得投資、高成長的標的？陳仁彬認為，及早發現有機會成為產業龍頭的潛力股相當重要，過去新浪的經驗讓他學會，如果公司有發展潛力，但在剛上市後仍面臨虧損，常常有被超賣的現象，這時候可以勇敢逢低進場。Facebook剛開始上市時已經成長很快，但當時仍面臨虧損，上市價30美元被超賣到17美元。當時他就勇於進場，並持有到近200美元才出脫。這個觀察的確不簡單，那有哪些可以評斷是潛力股的標準呢？

1. 高成長區塊，未來可能成為產業龍頭的領先企業，是最值
   得投資的對象

   在高成長市場的領先者相當值得投資，因為在商業世界
   裡，大者恆大、贏者通吃，因為進入障礙已經建立，所以
   很難有競爭對手出現。所謂的進入門檻，包括：

   a. 技術門檻：是不是夠專業，進入夠困難。
   b. 軟體或網路效應（Network Effect）：我們可以觀察網路
      效應是否形成，目前高速飆漲的個股大都有一定的網路
      效應。以之前疫情間爆紅的Zoom為例，只要用Zoom
      開會就一定得下載，對於Zoom來說，會員取得成本是
      零，且會自主成長。所以新上市的公司只要未來市場夠
      大，而且有成為產業龍頭的潛力，都可以大膽買進，長
      期持有。

2. 創辦人的視野與特質

   陳仁彬指出，過去有成功經驗跟視野的創辦人，下一個連
   續創業一般不會比原來的創業規模小。以美國大數據公司
   Palantir為例，就是一個創辦人已經成功又再次創業的例
   子，其創辦人之一是彼得‧提爾（Peter Thiel），之前與
   馬斯克（Elon Musk）都是兆元級企業PayPal的創辦人。
   他相信以彼得‧提爾的野心與視野，不會甘於做一個比之

前規模還要小的創業，而這些創辦人之所以能成功也絕非只是幸運，而是具有獨到的眼光，所以對於有經驗的連續創業者所創辦的新公司，投資者一般可以有比較高的信任度。

面對快速更迭的後疫情時代，如何掌握矽谷產業生態，挖掘未來十年的明星產業和投資標的，陳仁彬提供的觀察重點，的確值得對美股長期投資有興趣的讀者細細思考，深入研究。

＝＝ IC 筆記／詹益鑑 ＝＝

我跟Bruce有一個非常有趣的連結，就是我們的父親是數十年前的員林高中同班校友，後來他們分別走上了學術研究路線跟警察行政工作，但直到二十多年前的一次校友會，我才隨我父親認識這位前警界主管，後來多年後等我認識了Bruce，我才想起他父親提過這個在網路圈創業、但當年是美術跟設計出身的兒子，世界真的很奇妙。

也因為他的背景不是技術或財經，所以Bruce看待商業模式或生活型態的創新，總能回到基本面跟心理面來分析，再加上他曾經歷達康股災與金融海嘯兩次衝擊、看過新創上市的榮景與經濟泡沫化之後的蕭條，以及在好幾家新創公司擔任過不同的職務，所以對於景氣循環以及長期持股的心法，格外有說服力與執行力。歷經這兩年疫情造成的股市劇

烈震盪，Bruce的建議讓我們跟聽眾都受益良多，也提供給讀者們參考。

訪談連結：https://open.firstory.me/story/ckjmoxa53n0mg08934yvyippo

4

危機下的財政經濟政策：從美國經驗看台灣危機處理！

專訪廖啟宏／加州大學戴維斯分校經濟系客座教授

　　從2020年初開始，新冠肺炎（COVID-19）席捲全球，經過一年多的全球鎖國，疫情的衝擊看似趨於緩和，經濟活動也逐漸解除封鎖，緩步復甦，結束將近一年半的紛紛擾擾。我們邀請到加州州政府發展服務部研究首席（Research Chief）同時也是加州大學戴維斯分校（UC Davis）經濟系客座教授廖啟宏（Charles Liao），分享美國在過去一年歷經疫情衝擊、政權轉移到現在重新解封的過程中，有哪些經濟政策和思考，是值得台灣借鏡的？拜登（Joe Biden）政府的新政，又會對台美新創恢復正常的腳步，有何影響？

做最好的準備、最壞的打算！
美國疫情爆發，川普政府的緊急經濟政策

　　美國2020年2月開始意識到新冠肺炎的嚴重性，從2020年3月宣布全國緊急命令至今，川普（Donald Trump）與拜登政府總共通過6.4兆美元的經濟刺激法案，以規模而言，6.4兆美元占了美國2019年的國內生產毛額（GDP）近30%。遇到這個百年疫情危機，美國政府主要推動了幾波重要的經濟刺激方案，確保民眾、企業、弱勢族群的生活不會受到太大影響。其中最著名的就是《關懷法案》（CARES Act，川普時期）以及《救援法案》（American Rescue Plan Act of 2021，拜登時期）。

　　《關懷法案》：2020年3月13日川普政府宣布全國緊急命令後，19日就通過2.2兆美元的《關懷法案》。四、五千頁的法案，從擬定、審核到簽署，朝野兩黨用極快的速度通過。這個法案主要讓九成的個人都可以領到救助金額，雖然有收入級距的分別，但原則上只要個人年收入在10萬美元以下（雙薪家庭年收入20萬美元以下）都可以領取。此外，也增加失業救濟金可領取的週數到二十九週，讓面臨失業的民眾得以有效緩解生活問題。

　　川普政府也針對中小企業提供「工資保障計畫」（Paycheck Protection Program），此計畫從原來的3,500億美元加碼到將近1兆美元，目的在幫助企業度過難關。另外還有提供貸款，讓中小企業可以透過超低利三十年貸款且免稅的方式取得資金。申請後更有1萬美元的額度不用償還。

　　針對所有民眾，聯邦和州政府也寬限延遲報稅，並針對雇員提供因為疫情所造成的帶薪休假補助，最高5,000美元。這些大刀闊斧的緊急紓困政策，不但通過得相當快速，更相當全面，等於幫企業設置一個安全防護網，先讓企業存活下去，避免馬上面臨歇業的危機。

　　不僅如此，政府對於弱勢團體（例如社會福利機構）也有立即的作為。以加州政府為例，雖然疫情造成民眾不敢去一些社會服務機構接受現場服務（譬如提供自閉症兒童的語言治療機構等），造成接受服務人數驟降，但政府仍持續支付這些服務機構疫情前的費用，並且鼓勵這些機構以創新或不同的方式繼續提供服務，確保這些需要的孩子仍能接受服務。如此一來，可以避免疫情期間或是疫情過後，這些專業服務機構因為斷炊而使教育無法銜接，以保障弱勢團體的權益。

　　突如其來的遠距教學也讓沒有電腦設備的家庭成為教育的缺口，《關懷法案》透過撥款給地方政府和學區，讓他們有預算快速大量購買並發放Google的Chrome Book或其他筆記型電腦，讓有需要的老師、家庭快速領取，銜接線上教育。

　　《救援法案》：拜登政府上任後，推出1.9兆美元的《救援法案》持續刺激經濟。《救援法案》除了繼續保障疫情下的經濟，更重要的是著眼於疫情中所暴露出來的弱點。所以除了「工資保障計畫」之外，《救援法案》特別有效率地針對中低收入戶提供經濟協助，另外像大規模施打疫苗、增加醫療體系量能、餐飲業活化基金、綠能、基礎建設計畫等前瞻的布局，都是這波法案推動的重點。總而言之，《救援法案》的重點除了在解決眼前危

機，也透過長遠的規劃強化美國經濟的韌性。

面對未來危機，台灣可以有哪些借鏡之處

台灣與全球在2020年像是生活在平行時空，面對全球疫情的急速蔓延，台灣以嚴密的邊境封鎖取得一年的自由生活。面對突如其來的疫情，台灣除了嚴陣以待，更推出多項紓困方案。不過若從美國經驗來看，台灣有幾個部分可以學習：

1. 不以短期為思考，而是以長期抗戰的精神進行規劃

美國一開始的預算規劃就是以長期抗戰的思維在進行，並非只是幾個月的紓困方案。因此對於疫苗的投資、企業的補助和貸款、一些基礎建設的投資等都包括在這幾個法案中。目標在增加日後面對類似疫情的韌性。雖然台灣短期內受到疫情的影響比歐美國家來得輕微，但是著眼的還是在短期、單次的補貼和經濟刺激。面對多變的疫情，必須把戰線拉長，做最壞的打算，並思考增加政策靈活性和經濟韌性，讓經濟更能面對日後類似的挑戰。

2. 力道、範圍與金額可以更有彈性

在面臨猝不及防的經濟危機時，民眾因為收入頓失而無法支付許多日常支出。以經濟學的角度來看，大量即時的經

濟援助，比起涓涓細流來得有助益，並且有感。因為大量
即時的經濟援助可以幫助民眾在短期內不會頓失依靠，落
入更糟的情況，也避免日後需要更多的社會資源才能脫離
困境；另外在收到即時的足夠援助時，民眾也可以不用擔
心短期生計受到影響，如此一來民眾就有時間可以找其他
工作或是尋求其他幫助。就長期而言，即時與大量的經濟
援助可以避免未來更多的支出和社會成本。

若以美國疫情中所有法案發放經濟補助的基準和比例來粗
估，以台灣2020年人均GDP約2,400美元為例，每人收到
補助金額應該約為1.6萬元台幣，如此可以支撐至少兩到
三個月的生活所需。另外這補助也能夠幫助染疫或失業的
民眾，讓他們可以有時間休養並且另謀出路。目前台灣發
放的振興券或補助的金額，範圍和力道都較為侷限。

此外，針對美國企業的紓困計畫，很多人或許會批評有浮
報、濫用和資金浪費的情況。但是以總體經濟的角度來
看，美國寧願企業多領補助，藉此讓企業繼續僱用人，允
許有給薪的休假，撐過疫情。因為在企業收到補助後，可
以繼續支付員工薪水，不會造成大量裁員、失業，以及惡
性循環，另外員工若染疫也可以好好休養，不會為了要保
住工作而帶病上班，造成防疫破口。因此企業補助的基本
原則是希望先讓大家度過難關，再來討論是否有人鑽漏洞
的問題。

美國在疫情期間的財政政策，的確使 2020 年 3 月跌落谷底的經濟數據在 5 月、6 月 V 型反轉。這樣大力道和全方位的經濟補助政策之所以能夠在短時間內就通過並迅速施行，有一部分的原因是歸功於美國過去在不同經濟危機時所學到的功課。過去的危機包括網路泡沫、次貸風暴等，讓美國累積豐富的經驗和巨大的研究量能，讓施政者有政策藍圖來面對不同的危機。

面對這次的百年疫情，我們發現控制疫情靠的不只是技術，更是人性的展現。在位者視民如傷，以理解和關懷為出發點，來勾勒財政政策的共識藍圖。而這樣的共識型塑在民主國家是一個長期溝通、表達與互相理解的過程，相當困難，需要投注時間才能夠達成，但絕對是人性、制度與政治的考驗與問題解決能力的展現。走過這紛擾的一年，雖然美國疫情時期的財政政策不見得是最理想的範本，但是希望我們能夠透過美國的經驗協助台灣一起走過難關，前瞻布局。

═ KT 筆記／謝凱婷 ═

2020 年 3 月時，疫情就像洪水猛獸般地來勢洶洶，很快就席捲美國並重創經濟。還記得那時美國股市連續幾日重挫，道瓊指數（Dow Jones Industrial Average Index）好幾天大幅下跌逾千點，熔斷很多次，讓人非常膽戰心驚。自金融海嘯以後，這是美國十多年來最嚴重的經濟危機，但美國政府在疫情一開始時，川普的緊急經濟政策，反而讓受到疫

情重創的經濟轉而高速成長。在這冷熱三溫暖的兩年間，我非常好奇美國政府在緊急時刻該如何推動這個沉重的巨輪。

　　非常感謝Charles的精闢分析，我常請教他關於疫情與經濟的關係。比如疫苗剛上市時，對於經濟復甦的影響力，從哪些經濟數據能判定美國經濟的短期趨勢和發展。經由他的條理說明，也讓我們看到美國政府在經濟政策上的精準和效率，這對台灣而言是一個很好的學習機會。我很同意Charles所說的，經歷過Web 1.0網路泡沫、2008年金融海嘯的美國，在每一次的巨大危機中，逐漸累積更多的量能，而政府和許多專家學者對於經濟的長期規劃和危機下的經濟情勢，已經有備戰藍圖，才能在兇猛的疫情衝擊下，快速推出各式精準又有力道的政策，從上到下快速地動起來，並加速了許多產業的蓬勃發展和數位轉型。

訪談連結：https://open.firstory.me/story/ckpdzdl1482wg0869kzodbb0v

5

從區塊鏈、加密貨幣,觀察矽谷半導體晶片的新趨勢

專訪陳柏達／Chain Reaction 全球供應鏈管理總監

　　特斯拉(Tesla)在2021年5月宣布,由於對比特幣(Bitcoin)耗能的疑慮,將暫停以比特幣購車的方案,此話一出,造成比特幣價格直接崩跌。這也證明,區塊鏈技術的應用已經不僅限於虛擬貨幣(Virtual Currency),對於許多人的數位資產也有極大影響力。

　　區塊鏈技術這幾年來被大量應用在資訊安全、金融支付等消費端的領域。目前任職於以色列區塊鏈晶片設計新創Chain Reaction的陳柏達(Joseph Chen),擔任全球供應鏈管理總監(Global Supply Management Director),職涯由半導體技術研發工程師開始拓展到產品行銷、業務及供應鏈管理。經歷設備製造源頭〔應用材料(Applied Materials)〕、良率管理〔普迪飛(PDF Solutions)〕、晶圓製造(台積電)至IC設計(Fabless

Design House），熟悉各層半導體產業生態圈的他說，特殊應用積體電路（Application Specific Integrated Circuit, ASIC）的發展與普及，將加速區塊鏈的應用與規模化，讓我們來聽聽他在產業二十年來的深度觀察。

從小到大都在台灣求學的陳柏達，為什麼會轉進矽谷？「我從小念書就很順遂，到了大學突然覺得很迷惘，不知道自己想要追求什麼。直到大二到史丹佛大學參加暑期學校，發現美國大學生的學習方式跟台灣真的有很大的不同，都很有想法並可以盡情發展自己的興趣與方向，故一直嚮往至矽谷繼續深造。」台灣大學畢業後，陳柏達進入史丹佛念研究所，從化學工程轉進半導體材料科學，取得博士學位後進而留在矽谷工作與生活。

陳柏達指出，半導體產業屬於金字塔架構，包括從底層的晶圓製造，如台積電、應用材料等，到晶片設計、系統整合等，各層都有它不可取代的專業，但越往金字塔頂端走，就越可看到全貌。

矽谷在區塊鏈的新型態定義不斷發生中

IC設計結合區塊鏈的加密技術是以色列區塊鏈晶片設計新創Chain Reaction的重要優勢。陳柏達觀察到，以色列得天獨厚的培育與聚集了世界級優秀的IC設計人才，加上在區塊鏈加密演算法上擁有以色列前情報局資深技術人才的加持，讓Chain Reaction公司在區塊鏈硬體產業上具不可取代的重要地位。

中國近年來不斷打壓加密貨幣，但其他國家卻在加密貨幣的

發展上越來越蓬勃。陳柏達指出，全球的區塊鏈趨勢主要可以分為兩部分來看：

1. 軟體的創新：矽谷的軟體發展相當快速，許多創新的定義，包括像是加密貨幣交易所Coinbase Global平台的推出、NFT應用在藝術品等獨一無二的數位收藏，矽谷正快速地定義許多新型態的軟體應用。

2. 硬體應用：區塊鏈的硬體發展目前主要在加密貨幣計算（俗稱挖礦）的應用，之前市場主要集中在中國，但也隨著中國的限制，加速整體外移至美國及其他地區。而目前Chain Reaction的ASIC區塊鏈加密晶片設計，可以加速區塊鏈基礎建設的設置。目前矽谷在區塊鏈產業上的軟體應用與產業很多，但硬體的確有限，而Chain Reaction的硬體即以美國市場為主。陳柏達指出，未來硬體不單只是挖礦，最終將由雲端的資料中心提供所有軟體應用，在此架構下，專注於加密的晶片設計將有助於硬體進行特定需求的運算。Chain Reaction也希望與矽谷正蓬勃發展的軟體相互結合，藉此提供最底層的運算，讓應用端可以更加普及。

陳柏達指出，現在的加密貨幣都是從加密協定中運算出來，而挖礦就是運用計算能力產生出協定的數量和交易的次數，我們稱之為帳本。這些需求需要具有經濟規模（更快速與更便宜）的

計算力。以工廠為例，機器的產能會產生限制，但可以透過更優化的IC設計擴增效能，增加計算力，就可以加速推動加密貨幣運算與加密經濟及產業發展。

以現在的5G來看，電信業者以前主要都是系統營運商，建立5G基礎建設後，發現更可以善用5G架構提供更多服務，區塊鏈也是其中之一。但如果要提供區塊鏈服務，目前的資料中心硬體其實是不夠用的，ASIC晶片強化計算效率，將能協助供應商以更便宜的價格創造更高的經濟規模。

仰賴台灣供應鏈，
強打「以色列設計，台灣製造」

台灣擁有晶圓供應鏈上無可取代的地位，目前陳柏達所服務的Chain Reaction相當仰賴台灣供應鏈提供高品質與成本優勢的ASIC晶片。除了晶片，所謂的挖礦機，其實也就是電腦，台灣有包括廣達、技嘉、華碩等組裝大廠，擁有絕佳優勢。目前礦機的電腦仍然以挖礦的運算為主，未來不只用於挖礦，包括5G資料中心運用，區塊鏈的更多應用都可以在這裡被滿足。陳柏達也指出，目前公司的產品也都強調「以色列設計，台灣製造」。

北美台灣工程師協會，
為海外台灣人開創更多機會

陳柏達也在2020年加入北美台灣工程師協會理事會，北美

台灣工程師協會是一個成立於1991年的非營利組織，以科技技
術領域為主軸，為美國和加拿大的海外台灣人及其社群提供不同
的機會與培訓，定期舉辦各種年度技術分享會議、研討會等，例
如美國台灣高科技論壇（UTHF）、美國台灣新創論壇（UTSF）
及Women's Summit等。北美台灣工程師協會希望透過過去三十
年累積的人脈、資源與經驗，可以以導師的角色幫新創尋找大公
司的痛點，讓新創有更實際落地應用的機會，陳柏達也希望以台
灣、美國、以色列的多國經驗，協助台灣人才有更多的成長與發
展。

═ KT 筆記／謝凱婷 ═

　　與Joseph是在北美台灣工程師協會相識，很感謝他長
期致力推動台灣人在美國科技業的影響力，舉辦很多美國台
灣高科技線上論壇，讓台灣與矽谷的人才和趨勢接軌，並團
結台灣人在美國的力量。擁有多年台積電經驗的他，精準地
看到區塊鏈的產業趨勢，大膽跨出舒適圈，加入了以色列晶
片新創，投入到區塊鏈晶片領域，並對世界各國在區塊鏈發
展的速度瞭若指掌。尤其他以電腦算力和耗能分布，就能精
確指出中國市場和美國市場在挖礦電力的消長，並從中看到
整個市場熱度的趨勢方向。

　　從Joseph對於傳統能源公司的描述中，也能了解區塊
鏈技術將會徹底顛覆能源產業的未來布局。在過去，傳統能

源公司的價值結構和交易系統，因為區塊鏈產業的興起，而轉向更高效率的價值生態圈。能源的交易方式和商業模式也會進行巨大的變革，如德州和中東各國的能源公司正快速布局加密貨幣的投資和新能源的發展，並投入大量的人力和技術來挖礦，這對未來的人類發展也有顯著的創新刺激，正推動著百年傳統能源公司的巨輪走向創新，更讓我們迎向一個嶄新的能源新世代。

訪談連結：https://open.firstory.me/story/ckrzzs8w0jtrn09067mvq4a5p

6

寶博士的區塊鏈奇幻之旅，漫談NFT的過去到未來

專訪葛如鈞／台北科技大學互動設計系助理教授

你知道什麼是NFT嗎？你知道為什麼NFT是顛覆藝術市場和收藏界的未來產業嗎？根據路透社（Reuters）報導，光是2021年上半年，NFT的交易規模就達到25億美元，成長的速度讓人不禁聯想到虛擬貨幣的表現。以目前擁有30億美元交易量、全球最大的NFT交易平台Opensea為例，其達到第一個10億美元交易量花了三年，第二個10億美元花了十五天，第三個十億美元則只用了九天，就可以知道現在NFT的火熱程度。奇點大學（Singularity University）開辦以來首位就讀的台灣人，對NFT產業有深度探討的葛如鈞表示，NFT為了元宇宙而生，整合了人類社群網路與遊戲的數位體驗。如果說元宇宙是一台超大遊戲機，那NFT就是承載價值的點數卡，彼此之間互相加乘，進而建立一個全新的生態系。

人稱寶博士的葛如鈞，在大學畢業後受到當時創業熱潮的影響，創辦Linkwish公司，開發多項熱門應用程式（Application，下稱App），更在2014年進入Google與NASA贊助、號稱「全球最聰明大學」的未來學院——奇點大學。對台灣新創而言，矽谷一直是重要的朝聖之地，葛如鈞直言，奇點大學的確對他產生極大的影響，但更重要的是，在這個過程中，讓他的自信心大幅成長。「原來矽谷並非每個人都是祖克柏（Mark Zuckerberg）*，在求學過程中，我與奇點同學參加矽谷各大創業比賽，都得到很好的成績，台灣人在矽谷一點都不遜色，」葛如鈞笑著說。所以回台灣後更常鼓勵後進，矽谷是個大家都可以去的地方，不要被行銷書籍給神話了。

2013年，葛如鈞在奇點的好友，成立了南美第一間虛擬貨幣交易所Coinbadge，更購買了南美第一台比特幣販賣機，從那個時候起，就不斷洗腦葛如鈞對於區塊鏈的想法。加上奇點大學期間，也接觸到許多區塊鏈與比特幣的知識，在眾多外在環境的推動下，葛如鈞用624美元買下了人生第一個比特幣。但是第一個交易的經驗並沒有太好，因為兩週後，比特幣就跌至200美元。「我人生的第一個比特幣購買經驗，就在詐騙的認定下畫上句號，但是，我不得不說，如果我們回頭看區塊鏈的興起，大家最需要的應該就是時光機，」葛如鈞笑著說。

---

*　Facebook創辦人、Meta董事長暨執行長。

區塊鏈是時間的功課，
投資只要跟著你的心做決定就好

　　NFT是一種新型態的數位資產。這些數位資產，可以是一張圖，一段音樂，一段影片，一篇推文，甚至是一塊土地，形式千變萬化。每一個NFT都是獨一無二、不可取代的，且價值不盡相同，可透過加密貨幣交易流通。交易過程透明化加上不可修改等特性，一定程度上避免了偽造的出現*。然而，NFT並不是一個新的概念，今年的虛擬貨幣與區塊鏈呈現牛市，許多人一路獲利。但可能不知道的是，2018年比特幣從2萬美元跌至3,000美元，虛擬貨幣呈現熊市，許多人便開始開發包括去中心化金融（Decentralized Finance, DeFi）、NFT等應用程式，希望引發更多應用，吸入更多貨幣。多元的積極開發，加上今年虛擬貨幣的上漲，吸引更多玩家進入市場，造就NFT的大爆發。

　　葛如鈞指出，NFT具有泡沫的本質，因為其雙漲的特性，譬如，有人用十倍價格購買了一幅畫作，若用來購買畫作的以太幣（Ether）也漲了十倍，這幅NFT畫作的漲幅便是百倍。世界上沒有永遠上漲的市場，修正是必然。即使如此，對NFT超級樂觀的葛如鈞說，區塊鏈需要做的是時間的功課，只要跟著你的心（Follow Your Heart）做決定就好。雖然泡沫化的機率不小，但想想，如果真的泡沫了你也不會去買，就算泡沫之後是健康的市場，你也缺乏進場的動力，所以在任何時間點，只要你覺得是

---

*　https://money.udn.com/money/story/5613/5924713

好時機，都可以進場開始研究。

NFT創造了數位資料的二手市場

　　NFT可說是創造了數位資料的二手市場。過去人類沒有eBay時，只能靠美國相當流行的車庫拍賣（Garage Sale）銷售家裡的二手物品，流通性相當差，而eBay的出現，等於有了一個二十四小時的車庫拍賣。同樣地，過去我們電腦C槽、D槽裡的資料只是一些數位檔案，但透過NFT，可以把這些資料都變成資產。NFT最厲害的，便是創造了一個數位資料的二手市場。

　　此外，NFT還可以創造數位資料的碎片化，以NBA「球員卡」平台NBA Top Shot為例，將一場兩小時的影片切成二十支五秒的影片，每一支的價格都不斐。就像過去iTunes把一張CD切成一首一首歌販賣的概念。簡單來說，NFT就是一個亞馬遜、eBay、iTunes、蘇富比（Sotheby's）的綜合體。

NFT的產權宣告因為社群網路而完整

　　NFT的出現也改變了過去大家對於產權的觀念，以前產權的建立需要經過註冊、專利等繁複的過程，現在只要上鏈，產權就一輩子跟著你，獨一無二且過程透明。然而，在區塊鏈中最重要的還是共識的建立。大家願意相信這個產權的宣告，主要是因為社群網路讓大家產生信任。創作者在網路上的聲譽綁定了其NFT的銷售行為。NFT的產權也因為社群網路而完整。譬如

「矽谷美味人妻」謝凱婷（KT）要在Opensea推出NFT，大家看到訊息後，一定會到凱婷的Instagram、Facebook等社群網站上確定是否為真，進而建立NFT的信任度。

因此，短期內，NFT市場不可能靠一個沒有社群網路的市場存活，需要依靠社群網路建立的信任制度灌注NFT的價值。除了社群網路的信任感，也要持續建立創作者的信譽。即使如此，如何面對可能的造假情況？葛如鈞說，亞馬遜這種中心化控管嚴格的單位也有假貨的存在，道高一尺，魔高一丈，最終將在消費者對於NFT擁有更多的知識與研究下，取得中心化管控與分散式的平衡。

NFT除了大家認知的數位資產外，也開始與實體有了不少的結合，以美國的數位藝術家Beeple為例，除了NFT「每一天：前5000天」（Everydays: the First 5000 Days）是數位作品外，其他2020與2021年的NFT作品皆會附上數位相框與觀賞用的手套。NFT數位與實體的整合是許多參與者想要做的事情，但畢竟數位資產的流動性還是高很多。過去傳統的藝術作品拍賣過程相當複雜，不管是拍照、運輸，每一個關卡都需要層層驗證。然而，這個過去相當繁雜的過程，在NFT上都可以自行驗證解決。NFT與區塊鏈大幅解決過去驗證所面臨的困境。

區塊鏈是一個金錢軟體化的過程

為什麼NFT與區塊鏈可以大幅解決過去驗證所面臨的困境？區塊鏈的最底層是加密技術，以前在網路傳輸資訊會產生

許多信任問題，使用者必須透過像是數位簽章等機制自我證明，以建立信任。但區塊鏈出現後，將信任關係灌注到虛擬貨幣身上。2017年網景（Netscape）的創辦人馬克・安德森（Marc Andreessen）曾說「軟體正在吞噬這個世界」（Software is eating the world.），而區塊鏈就是一個金錢軟體化的過程。

　　回想過去東漢蔡倫發明紙張的年代，當時以竹簡、絲帛等為主的撰寫人一定對於紙的應用多所批評，而NFT就跟紙張一樣，是最單純也沒有屬性的東西，我們可以在NFT上放鈔票、放謎戀貓（CryptoKitties），可以承載任何東西。我們可以把NFT視為新世代的紙，可以做任何事情，開始另一個全新的宇宙觀。

　　現在正在熱頭上的NFT當然也有許多潛在風險，葛如鈞指出，任何一種革命性的創新，都會遇到合規（Compliance，或稱法遵）與政府的挑戰，如果有個革命沒有引起政府注意，肯定不是革命。現在應該沒有哪家企業不知道區塊鏈或加密貨幣，接下來儘管會遇到越來越多的監管，但這都是短空長多的現象，在政府的監控下，區塊鏈的發展只會越來越正規化，發展越來越順利。對NFT未來超級樂觀的葛如鈞指出，未來，每家公司都將成為科技公司，只是切入角度各異，另一個蔡倫造紙的創新改變正在發生，只有不斷學習和認識這個新的數位媒體場域，才能掌握瞬息萬變的全球競爭。

═ KT 筆記／謝凱婷 ═

　　剛接觸NFT時，我對這種新型態的創新交易市場有很多疑慮，特別是當CryptoPunks以一個個天價拍賣的方式，被新聞媒體熱烈報導，更讓人覺得這個領域有一層神祕的面紗和許多問號。在這集寶博士的專訪裡，他用深入淺出的方式，解釋NFT的實質意義，真正解決了哪些市場一直以來無法處理的問題。對於NFT的未來應用，寶博士的解說更讓NFT世界突然具體清晰了許多。如他所說，NFT正大幅解決我們過去在數位資產、智慧財產權、數位交易時遇到的困境，以一種新型態的高速創新顛覆著我們原有的世界。

　　NFT也讓很多企業、名人、藝術家，重新定義了自身的價值。過去可能是用販售實體產品、商業廣告或拍賣實體畫，作為傳統的商業變現模式。但在NFT的世界裡，數位內容的交易可以用簡單創新的方式，並創造更多嶄新的商業模式。就像NBA Top Shot完全顛覆了球員卡生態系，在過去我們需要收藏和買賣明星球員的球員卡，但在NFT世界裡，球員的精彩動態時刻、練球花絮，或是明星球員想要對球迷們說的一句話，都可以變成一個個的NFT上鏈產品，加上擁有權的標註，並能簡單地自由交易。而在The Sandbox的元宇宙虛擬地，也能在NFT世界裡被定義價值和買賣。NFT正顛覆了我們對世界的想像，也帶給我們無限空間嶄新的未來。

訪談連結：https://open.firstory.me/story/ckto5qdweejpn0b251ndeit9a

7

台灣有本錢成為「元宇宙示範島」：
以微軟 HoloLens 使用者經驗，觀察
元宇宙的大未來

專訪唐聖凱／Meta 實境實驗室產品設計師

　　元宇宙大概是近幾年來規模最大、最令人興奮的創新。這麼大規模的生態系變革，將會對過去在 VR、AR 產業深耕的科技產業，造成極大的影響。除了 Facebook 的 Oculus VR、宏達電的 VIVE，微軟也有深耕多年的 HoloLens。在這個大趨勢的發展中，台灣除了具有硬體的優勢，更可以善用高密度的基礎建設、頻寬與流量品質，將自己定位為「元宇宙示範島」。或許，許多人說台灣的創業市場很小，但是，沒有國界的虛擬市場卻是無限大。前微軟 HoloLens and Windows Mixed Reality 部門首席設計師，現為 Meta 實境實驗室（Reality Labs）產品設計師的唐聖凱（Tony），對台灣在元宇宙能夠扮演的角色，下了一個充滿願景與無限期待的註解。

　　唐聖凱目前從事混合實境中「直覺式互動介面」的研發與設計，同時也於逢甲大學建築專業學院擔任訪問助理教授。他於麻省理工學院媒體實驗室（Media Lab）、卡內基美隆大學（Carnegie Mellon University）設計運算實驗室（Computational Design Lab）以及哈佛大學設計資訊研究中心（Center for Design Informatics）接受設計創新訓練，並且在美國三星研發中心（Samsung Research America）以及台灣華碩設計中心擔任使用者經驗（User Experience, UX）設計工程師。唐聖凱說，過去在大學雖然主攻建築，但是在卡內基美隆大學接觸了人機互動（Human-Computer Interaction, HCI）課程後，毅然決然往這個領域發展。曾經服務過華碩、美國三星及位於西雅圖微軟總公司的唐聖凱說，身為設計師，每天的工作內容在這三家公司其實沒有太大的不同，主要的差異在於公司文化。

亞洲與美國企業的文化大不同

　　微軟偏向於孵化的工作比較多，對員工失敗的承受能力比較高。HoloLens隸屬於微軟雲端部門，雲端的獲利顯著，但Hololens這個幾千人的團隊，從2015年成立至今都尚未獲利，試想，台灣企業對於這種部門的承受度，應該無法這麼高。美國三星則位於微軟與華碩的中間，在美國三星有許多探索類型的專案，但許多總部指示必須獲利的專案，還是會由韓國總部直接管理。從同一個工作在三個公司的要求，可見各國企業文化的主要差異。

混合實境的概念，學術界其實在1968年就已經提出，五十年前，學校的實驗室就已經開始許多相關的研究與想法，譬如唐聖凱1999年在交通大學就讀時，就有許多對於VR頭盔與混合實境的專案。五十年後，Oculus與HoloLens因為相關技術與環境逐漸成熟，成為VR與AR產品的代表，並帶出商機。其中頭戴式裝置如何做得輕巧便利讓大眾接受，以及互動介面如何讓使用者能夠直覺地使用，都是目前待解的設計議題。

2D到3D的轉變與瓶頸

唐聖凱指出，現在我們使用的鍵盤與滑鼠，便是屬於第一階段2D間接式的人機互動。之後發展到了iPad、iPhone的觸控模式，雖然接觸的仍是玻璃，但它透過許多視覺設計，讓這個接觸相當擬真，我們稱它為半直接接觸。到了3D應用，追求的是直接的操控感，過去還得藉由如六軸控制器這一類的裝置來互動，現在則可以用手直接操控虛擬的介面與物件，這也是一個由間接操控到直接互動的過程。

在這個未來的願景下，技術發展仍具有一定的瓶頸。在資訊導入端（input），AI是否能穩定地偵測訊號與辨識操控的行為是一大挑戰。在資訊輸出端（output），目前許多應用採用手套，但手套在很多狀況下無法穿戴，而且使用者還要購買與攜帶額外的裝置，這可能會降低購買的欲望以及引起某種程度的不便。所以HoloLens在一開始就設定不使用手套，因此在沒有觸覺回饋的狀況下，改以視覺與聲音來彌補觸覺的缺陷。

　　唐聖凱說，HoloLens的起源是Xbox的Kinect，HoloLens的開發團隊是Kinect的原班人馬，在HoloLens辨識並追蹤人的行動，實際上是把遊戲主機Xbox的體驗延伸到另一個平台。當時同時間推出的Wii和PlayStation，都需要用戶手持控制器才能輸入姿態，而Kinect完全依靠鏡頭就解決了，且效果更好。HoloLens擷取Kinect沒有使用到的環境網面，讓電腦可以藉此建構實體與虛擬空間的環境，並將人在虛擬環境中予以定位。Kinect後來雖然停產，但許多技術依然在微軟其他產品發光發熱，比如人工語音助理Cortana、人臉ID系統Windows Hello。當然，還包括集Kinect技術之大成者——HoloLens。

　　目前微軟在HoloLens的運用仍以企業用戶（B2B）為主，包括國防、醫療、教育、設計等，都有許多不同的應用，VR、AR、MR應用端的發展也跟企業的DNA有關，微軟一直以企業用戶為主要客群，所以在HoloLens孵化初期即與許多企業合作，也造就現今的應用成果。

　　以Facebook為例，由於其DNA是社交，所以Oculus VR的應用便從遊戲、社交開始，但是以長久來看，不管現在主要聚焦在消費者或企業，最終兩者都會融為一體。

元宇宙普及前的主要突破點：
真實與虛擬的整合，才是元宇宙的未來

　　即使現在對於元宇宙的討論沸沸揚揚，HoloLens、Oculus等要真正普及還是有一段路要走，主要的三個原因在於：

1. 價格太高：以目前HoloLens訂價在3,000美元，Oculus約 300美元，仍算高價。

2. 社交接受度：目前HoloLens、Oculus的體積仍大，企業 使用者可能不太在乎，但是如果要把這個東西穿戴上公 車，可能就會相當突兀，會有接受度的挑戰。

3. 使用情境：目前的使用情境仍偏向於職場，且用電量也有 所限制。

元宇宙的推升，除了硬體的發展，軟體也具有舉足輕重的地 位，多平台、多裝置、異地多人、商務合作、異地共享等，都 是未來重要的運用，這也是虛擬體驗平台Microsoft Mesh的混合 實境功能。未來像是虛擬化身的設計、視訊會議如何從2D到3D 等，都屬於軟體的發展，而每一個主題下，都可以因此產生許多 中小型的公司，創造更多的商業機會。

唐聖凱說，以目前尚屬2D的微軟Teams來看，現在便已經 提供講者邊講邊產生講稿的功能，只是可能辨識度還不全然精 確。但是，未來進入元宇宙，運用將具無限潛力，包括講者在台 灣講中文，但聽眾在美國可以立即聽到英文翻譯，這些應用都具 有無限的可能性。

在Facebook引發全球震撼的元宇宙影片當中所呈現的，包 括基礎的MR OS建設、裝置本身如何越做越小、如何讓人想要 使用、使用的方式，到創作工具，全部都具有挑戰。所謂的創作 工具，指的是，是否能夠改變創作本質。譬如現在大多都是錄影 以後分享，但是在元宇宙時代，是否有機會改變本質？街頭舞蹈

可以從同時同地轉變為異時同地。巴黎時裝秀可以在異時同地或異時異地發生。就像以前許多湊不出時間一起拍攝電影的大咖主角，分開拍攝電影後再將之組合，消費者其實完全看不出來。在元宇宙的未來，不同的人、不同時間，可以共同參與一件事的狀況，都可能發生，甚至在3D的情境下，還可以旋轉、操控、放大、暫停情境，擁有無限的想像空間。

不僅如此，有了元宇宙的概念，就可以進一步產生許多區塊鏈擁有權的問題。在元宇宙的數位身分下，財產擁有權的規劃與定義，譬如NFT等，都擁有許多重新定義的空間，創造無限的創新商業模式。

唐聖凱說，元宇宙並非一個全新的概念，而是透過一個架構，將許多不斷探索的技術整合在一起。在Facebook勾勒的元宇宙世界中，比較像是電影《一級玩家》所呈現的，但是這樣與真實世界分開的元宇宙並不會普及，因為人無法永遠脫離真實世界。能夠普及的元宇宙需要與真實世界有一定程度的整合，最好完全整合，這也是目前Microsoft Mesh的主要方向。

台灣，有機會成為「元宇宙示範島」

隨著元宇宙的趨勢與話題，台灣長期投資於VR的宏達電股票大漲，華碩、和碩、仁寶等代工廠也扮演重要的角色。以元宇宙的建置角度來看，5G、雲端、電源、運算順暢度等基礎建設皆相當重要。元宇宙的本質在於弭平過去時間、地域的限制，流量的品質、頻寬都有相當重要的地位，而台灣的地域小，基礎建

設的花費相對低，可以建構更高密度基礎建設等，都讓台灣擁有成為「元宇宙示範島」的獨特優勢。

元宇宙時代，地域的大小不是重點，基礎建設是否可以讓內容的使用達到最高效益才是重點。台灣過去語言、創業市場較小的問題，都可以透過虛擬的元宇宙市場來解決。台灣若能掌握先機，整合軟硬體與基礎建設的優勢，將能創造「實體市場有限，但虛擬世界無窮」的另一波新商機。

═ KT 筆記／謝凱婷 ═

我和Tony認識很多年，他是我先生在交大和卡內基美隆大學的多年同窗，也是美國三星研發中心的最佳戰友。Tony在人機界面和使用者經驗有非常豐富的學術研究和工作經驗，是台灣第一代投入在這個領域的優秀人才。

我很佩服他很有毅力一步一腳印地實踐理想，每個階段都緊緊抓住人機界面的發展趨勢。Tony經歷過VR、AR和MR的各種發展時期，他對於元宇宙的未來觀察非常精準，認為這是人類的新紀元，也是下一個科技時代的重大突破發展。我們過去對於虛擬實境一直認為是需要搭配VR頭盔的沉浸式體驗，Tony指出了一個重點，他認為在元宇宙的時代，都不應該將虛擬環境與現實生活隔絕，而是要建立兩個世界的連結，這樣才不會影響人類的真實生活而走向瓶頸，也才能真正將元宇宙的理念建立在人類社會裡。

　　我很認同他提到的理念：「台灣可以作為一個國際性的元宇宙示範島」。因為台灣高科技硬體的優勢，還有高密度的網路基礎建設和頻寬，讓台灣能在元宇宙的世界裡有很強的發展動能。雖然台灣的市場不大，但沒有國界的虛擬市場是無限大。這句話也深深打動我，過去我們認為應該從台灣市場出發，先站穩台灣再放眼國際，但在元宇宙的世界裡，一開始就可以是無遠弗屆的國際市場，這縮短了台灣與國際間的距離，也放大了台灣在元宇宙領域的成長可能性。隨著越多科技巨頭在元宇宙布局，元宇宙世界觀已逐步形成、益發茁壯，期待台灣能在元宇宙的現在和未來版圖裡占據重要的位置。

訪談連結：https://open.firstory.me/story/ckw5vrzwd18q20888qmzz7ldd

CHAPTER 2

公衛醫療與生技

導讀————————————————————————————

疫情後的矽谷與美國生醫產業

詹益鑑

　　如果要問我為什麼在兩年前來到矽谷，從事生醫新創生態系的觀察與研究，答案其實很簡單。當時我剛離開國家生技研究園區創服育成中心（BioHub Taiwan）助理執行長的職務，服務期間多次代表台灣政府參與國際的生醫研討會及投資人論壇、拜訪了歐美日二十個城市的新創生態系，連接許多國際醫藥大廠及機構投資人。當中我發現台灣在亞洲各國之間，真的具有基礎研究、臨床醫學、科技產業與資本市場等多重優勢，很有機會打造下一個具有國際競爭力的產業。

　　但事實上，台灣政府跟民間推動生醫產業也不是近年來的事情。打從2000年以前，就已經有多個台灣機構投資人積極布局，歷任政府更是從兩兆雙星與鑽石生技等政策方案，都推出了非常多的政策性投資、研發補助、投資抵免等相關優惠措施。而除了實施超過二十五年的全民健保之外，基礎生命科學與委託臨床研究等領域的技術、人才與資金的投入，也成為台灣發展生物

醫藥產業的重要基石。

如果以台灣上市櫃的生物醫藥公司家數來說，台灣在亞洲甚至全球的排名都非常優秀。但若把台灣生技公司的市值加總來看，整體的產業規模甚至還不如一家中型國際藥廠。既然我們擁有非常優秀的研究人才、臨床環境、量產能力與資本市場，為什麼不能像半導體和電子產業一般，擁有全球排名舉足輕重的產業規模和國際競爭力呢？

帶著這樣的疑問，我來到了矽谷。原本的計畫是在加州大學柏克萊分校研習相關的課程，透過參與本地新創生態系的活動，結識技術發明人、新創團隊、天使投資人、醫藥企業、創投與保險公司，並嘗試加入創投公司或新創企業，協助募集資金或開拓北美市場。但是，持續超過一年的新冠肺炎疫情，一方面打亂了原本的計畫，卻也帶來新的機會跟體驗。

從2020年的3月底開始，加州灣區六郡開始了居家避疫、遠距上班跟線上學習等措施，實體的課程與新創活動紛紛轉到了線上，某方面來說，約人開會或跟老友會面都變得容易，因為不再有出差或旅遊作為藉口；但不像過去參與實體會議或活動之後，人們可以透過閒散交流或是吃飯打球，在當中能觀察到對方的人格特質與團隊互動，僅透過線上平台跟會議軟體的互動方式讓結交新朋友變得比過去困難許多。

疫情不僅對人際關係造成衝擊，對許多產業也帶來巨大影響。當然，不全然都是負面的。矽谷作為軟體與網路產業的聚集地，充分感受到相關領域企業的加速成長或壟斷，例如網路業巨擘亞馬遜除了電子商務受惠於疫情，旗下雲端服務AWS也因

為各種產業的數位化而受益，並進軍醫藥業。Google除了原有的 Verily Life Sciences 還收購了 Fitbit，GV（原 Google Ventures）則成為投資生醫新創的重要創投。Facebook除了從慈善角度做研究的 CZ BioHub 之外，也成立了 Healthcare 部門。若把賈伯斯（Jobs）家族成立的 Emerson Collective 以及比爾暨梅琳達蓋茲基金會（Bill & Melinda Gates Foundation）也算入，科技巨頭的企業投資或創辦人家族都已經布局生醫及健康領域。

此外，生醫產業加速數位化與科技化，原本在疫情前就因為人口老化與跨界整合等因素而起飛的數位醫療領域，由於次世代定序、基因編輯、個體化醫療跟醫療物聯網的技術都已經成熟，搭配疫情造就的遠距醫療需求，線上看診、居家檢測的趨勢明顯成長，新創投資額與併購案大幅增加，將加速醫療產業、保險產業的數位化與智慧化。

這些在歐美地區因為疫情所帶來的醫藥產業衝擊，在今年台灣疫情爆發之前其實很難感受到。但是身在保險制度與台灣相異極大的美國，並且從事相關領域觀察的我，卻宛如站在搖滾區一般，明確地感受到這波衝擊對於身邊的從業人員、研究機構、醫藥體系所發生的巨大影響。

從北美相關領域的新創投資統計數字來看，也充分展現了數位醫療加速起飛的明顯趨勢。疫情爆發初期所造成的景氣衝擊，固然對機構投資人產生減緩阻力，但是從2020年下半年開始，數位醫療的新創投資一路攀高，全年投資總額甚至超越了2019年的兩倍以上。但有趣的事實是，這些投資多半發生在成長期與成熟期的新創企業，也就是已經有明確商業模式甚至開始獲利的

數位醫療新創公司。對於早期的新創企業來說，過去一年依然非常艱困。

對於冒著風險進行早期投資的天使投資人或機構投資人來說，見不到創業者本人、無法參觀辦公室與實驗室、不能親身體驗產品原型，或無法在會議之外透過用餐及聚會形式觀察新創團隊成員之間的互動，統統都是讓投資人無法判斷新創團隊是否值得投資的關鍵因素。這某方面解釋了為什麼矽谷多數創投跟獲投公司的實體距離往往不會超過五十英里。

在這樣子的產業狀態下，如何進行研究並取得最真實的產業情報，也成為我來到柏克萊之後卻遭逢疫情的重大考驗。說來也巧，在初來乍到之時，因為通勤開車之餘往往會收聽談論新創投資與數位醫療的英文Podcast節目，才發現相關領域幾乎沒有以華語製作的節目。

抱著創業者即知即行的習慣，我找上有影音製作經驗跟台美兩地受眾基礎的好友凱婷（KT），很快就展開節目的企劃與錄製的準備，沒想到從第一集開始我們就進入了疫情爆發的階段，從開播至今我們兩位跟來賓一直處於三點遠距錄音的形式。為了涵蓋更多聽眾以及有意思的主題，我們將節目主題定調在科技、新創、投資、生醫等四個領域。從這裡開始，我們有了「矽谷為什麼」這個節目，並且很幸運地有了國發會的贊助支持及《數位時代》後製團隊一起合作。

開播至今，我們多次邀訪生醫領域的專家學者與創業者、投資人，討論矽谷當地的醫療環境、面對疫情的防護措施、疫苗相關的基礎科學與發展研究、從矽谷到台灣的創業之路，並藉由這

些來賓的親身體驗與觀察，來協助我們理解北美矽谷的生醫產業是如何培育人才、進行研究、投資新創，也反思台灣在相關對應領域的各項措施與制度，有哪些可以改善的方向，以及面對的機會與挑戰。

　　現在，就讓我們進入生醫篇吧。

延伸閱讀：進入北美醫療市場的關鍵
https://icjan.blogspot.com/2021/10/usmarket.html

8

史丹佛醫學教授的美國後疫情時代醫學觀察

專訪柳勇全／史丹佛醫學院副教授

　　在全球疫情緊張的現在，史丹佛醫學院副教授柳勇全說出了睡眠對提升免疫力的重要性，在這個時間點更形重要。柳醫師是耳鼻喉外科併整形外科副教授、生物設計（Bio Design）教師培訓學者，專精於睡眠呼吸中止症的外科治療。他指出，過去曾經做過一個研究，把感冒病毒置於病人鼻腔，發現睡眠少於五小時的團體，50%會得到感冒，睡眠多於七小時的人，只有18%得到感冒。同樣地，睡眠多於六小時的人，打疫苗後身體會產生大量抗體，而少於六小時的人，抗體反應不明顯，就算事後補眠，效果也不彰。

　　柳勇全醫師指出，新型冠狀病毒與過去SARS病毒很大的不同點在於潛伏期相當長，SARS病毒的症狀明顯，可以馬上隔離，但在新型冠狀病毒，許多患者剛開始都是無症狀感染，等到

看到症狀時，已經感染給許多人。所以只要呼吸不順、胸痛、發燒、咳嗽，或是頓時失去味覺、嗅覺，都不用等，需要馬上就醫篩檢。

針對這次疫情，剛開始的時候亞洲人戴口罩，許多美國人則戴手套，差異極大，其實不論哪種形式，都是為了保護自己與別人。但以科學的角度來看，新型冠狀病毒是由上呼吸道感染病人，所以任何可以降低病毒進入人體的都是好方式。以口罩為例，除了戴好之外，千萬不要用手摸前方，就算丟棄也要丟入有蓋的垃圾桶，不要讓病毒有機會感染其他人。

此外，針對新型冠狀病毒大家有許多迷思，包括下列兩項。

1. 高齡者比較容易被感染

其實感染新型冠狀病毒沒有年齡的問題，不只是高齡者，目前也有許多年輕患者，譬如本來就有呼吸道疾病，或者是年輕醫護人員在工作過程中吸入大量病毒都有可能。在標榜個人主義的美國，許多年輕人在疫情初期都不願意戴口罩，但是現在的確是一個「你什麼都不做，只要乖乖待在家裡，就可以救別人」的非常時期。

2. 社群媒體的藥物討論

疫情過程中，不斷有許多社群媒體討論，哪些藥物可以有效治療新冠肺炎，影響了許多人對藥物的看法。柳醫師指

出，藥物是否有效，是相當嚴謹的臨床實驗過程，答案絕
對不會來自於社群媒體，這當中有很多報導可能都沒有根
據，也未經證實，最好的方式還是向醫生詢問，絕對不要
亂吃藥物，造成身體不必要的損傷。

疫情對於美國醫學體系的衝擊與改變

這次疫情讓美國各大學首次停辦畢業典禮，過去在畢業典禮
中的歡樂與淚水，也在病毒的影響下，只能成為遙遠的小確幸。
柳醫師從醫學教授角度來看，這次疫情對美國醫學體系的衝擊與
改變如下：

1. 基礎研究停止

疫情爆發後，醫院只開急診刀，讓人力保持最大的彈性，
許多老師的基礎研究，如果與新型冠狀病毒無關也都須先
暫停，而基礎研究是支撐醫學進步的重要基石，暫停雖迫
於無奈，但的確也對醫學界產生長遠的影響與衝擊。

2. 遠距教學

因應疫情時代的來臨，遠距教學將對生活產生根深蒂固的
影響。但有許多事務仍是遠距無法取代的，以教學為例，

老師在遠距的情況下，無法確切觀察到小朋友的互動、因材施教。

同樣地，外科醫學院學生或許可以看影片來學習與模擬，但與開刀房的實作環境仍有相當大的不同。在開刀房中對於整個開刀房情況的掌握，絕對不是線上教學可以取代。

3. 創新的限制

所有領域的創新一直是矽谷的靈魂，幾個人卡在車庫裡的創新，絕對不是遠距可以取代的。而這次疫情的經驗，讓我們知道哪些事情可以善用遠距，同時也更了解，人與人之間的溫度仍是無法取代的門檻。

4. 傳統看診方式正在改變

傳統的看診方式也正在被遠距取代，問診的確很重要，但是很多測試可以改以行動健康管理的方式進行。以睡眠測試為例，以前到睡眠中心睡一晚的費用相當高昂，但是效果可能不如受試者利用手錶記錄的睡眠數據來得有用。

這些遠端測試數據都是相當重要的資產，如果可以活化應用，以後疫情只要在世界任一角落出現，馬上可以進行隔離、醫治，等於把國防的概念帶到防疫，絕對相當受用。

　　柳醫師笑著說，美國零售量販賣場塔吉特百貨（Target）發現，疫情期間，襯衫的銷量大增，而褲子的銷量下降，主要原因是大家現在用線上軟體開會，只需要上半身穿著正式即可。雖然說這是個疫情期間的笑話，但是透過會議軟體舉辦的遠距研討會，沒有臨場感，加上看不到聽眾的反應、缺乏互動，效果的確不如實體會議。

美國醫療系統在疫情期間受到嚴重衝擊的主因

　　這次疫情的爆發，對美國的醫療體系產生巨大影響，柳醫師指出，美國擁有龐大的醫療資源，但長期以來，美國的健康數據卻比不過其他先進國家，也比不過台灣，主要歸因於：

1. 資源分配與供應

　　美國的醫療狀況是大城市的資源多，小城市相對少。再者，在醫材零件上較缺乏韌性，一遇到問題時，是否可以即時供應就成為瓶頸。以台灣為例，口罩一有缺，一星期便可以開始產出，但美國較缺乏這種彈性。

2. 人力使用

　　疫情爆發期間，美國醫學院學會（Association of American Medical Colleges, AAMC）即指出需要更多醫生，美國其

實擁有充足的護理能量，但由於法規的限制，讓人力使用
的彈性與效率相對降低。

3. 缺乏全民保險

美國沒有全民健保，就算有保險也有分類，所以大家不敢
隨意看病，這不僅是保險問題，也是政治問題，對於弱勢
族群的保障相對薄弱。

目前經濟力較為充裕的加州，正著手以地方的力量解決並改
革問題，希望可以透過正確的方式改正目前醫療體系暴露的問
題，讓其他地方開始複製、學習。

「疫情把我們打垮，我們才會改變。」雖然這是我們絕對不
樂見的狀況，但危機正是轉機，也期待疫情造成的犧牲能為全球
醫療與保險體系的修正帶來曙光。

═ IC 筆記／詹益鑑 ═

這次訪談是我跟KT節目開播後的第一次訪談，也就是
說，柳醫師是我們第一個來賓。但因為當時是加州疫情剛爆
發的階段，我們所有人都正在適應居家避疫，節目也從第一
集開始就採用隔空遠距錄音的方式，因此在準備器材跟訪問
資料時，都顯得手忙腳亂。

　　幸好在柳醫師充足的準備與協助下，我們有了很精彩、順利的第一次訪談錄製經驗，也由於他的專業背景與近距離觀察（日後才知道全灣區第一個新冠肺炎的病患就是送進史丹佛附設醫院），讓我們跟聽眾對於疫情的理解、對於醫療系統所遭受的衝擊，有了明確而清晰的輪廓。

　　在這集訪問之後，我跟柳醫師成了好友，經常交流醫療科技創新跟疫情相關的資訊，更開始認識跟連結在灣區的醫學研究與公衛體系。現在還出了書，這都是節目錄製前沒有想過的事！

訪問連結：https://open.firstory.me/story/ckq9gzzx905vq08335rkn01o8

9

生醫新創成功起步的關鍵！從矽谷看台灣生醫新創的機會

專訪陳兆煒／萬芳醫院神經科醫師

「身為神經科醫師，有機會使用到許多國際醫材進行臨床試驗，在這個過程中我常反思，為什麼台灣有這麼好的臨床環境，卻不容易開發自己的產品，來利用國內優秀的臨床場域進行驗證？」後來有機會在三年內分別於柏克萊、史丹佛擔任創新人才計畫學者的萬芳醫院神經科陳兆煒醫師，在這樣的核心思維下，結合國內外資源與矽谷經驗，在台北醫學大學校方及事業發展處支持下，積極推動建立台灣第一個大學生醫加速器：台北醫學大學生醫加速器（TMU BioMed Accelerator），輔導各個在北醫大環境中進行加速的團隊，嫁接國內外資源，進行創新醫材開發，與全球醫材產業界高度連結。

技術還是需求？如何找出新創主題？

　　若有志進入生醫新創領域，要如何找出新創主題呢？陳兆煒醫師指出，對於已經掌握特定技術的創業家，可以採用加州大學柏克萊分校的「精實創業」（Lean Startup）方法論，以技術創新為核心，找出屬於自己的核心技術在哪個領域的應用最具有價值。譬如「機器手臂」這項技術，用於工廠中鎖螺絲釘與手術室中進行外科手術，兩種不同場域可創造出的價值是截然不同的，而創業家需思考要將技術投入哪一個場域應用，將技術的價值最大化。

　　而史丹佛大學的設計思考（Design Thinking）方法論則著重於商業層面的應用，主要先找出問題並定義清楚一個迫切且市場夠大的需求，再找到最適合的技術來解決該需求，以創造價值。

　　從矽谷的成功團隊經驗來看，有志於醫療健康產業的創業家的創新主題可以從確定性較高的醫療器材（MedTech）領域作為起點，因為醫療器材的法令規章較為嚴謹，對新手創業家來講比較有跡可循，有足夠的發展經驗後，新創團隊可以往數位健康或AI等不確定性高，但回饋相對也較高的領域發展。對台灣團隊來說，先透過醫療器材（包括AI應用）累積實力，再布局數位醫療、遠距醫療等未來發展潛力高的重點領域，是一個可嘗試的方向。

生醫新創的成功要素

　　找到好的主題後，生醫新創成功起步還需要哪些關鍵要素呢？陳兆煒醫師指出「團隊組成」、「產品原型打造」是兩大重

點。大部分的創業都開始於一個好創意，但接下來，好的創意需要好的團隊來執行。創業家必須評估自己的優劣勢，進而選擇與自己能力互補的創業夥伴。生醫創新團隊通常需要醫療、工程及商業等跨領域人才共同合作。譬如具醫療背景的創辦人可能會需要找到軟硬體的人才，也需要有產品管理能力及商業背景的夥伴進來一起組隊。

要找到對的團隊夥伴，首先可以透過多參加活動，與夠多同樣懷抱創業理想的朋友互動後，再從中找到與自己理念相近及專業上可互補的工作夥伴。具有衝勁且能夠承擔風險者，可考慮以共同創辦人的方式合作；而針對需要穩定收入的夥伴，則可以招募其成為初始員工。

不管方式為何，新團隊形成後可先把任務切割成幾個不同的小專案，先從小專案開始合作，看看團隊的互動狀態及努力成果如何。如果剛開始幾個星期就無法有效率地合作了，那麼長遠來說一定更是問題重重。

團隊成型後，必須盡快開始打造驗證自己創業概念的產品原型（Prototype）。越早可以利用產品原型取得專家或市場的回饋，就可以節省越多因走冤枉路而耗費的資源。因此，組成一個有能力快速打造出原型機及驗證概念的團隊，是創業成功的關鍵之一。

台灣與美國生醫創新市場的異同

至於美國與台灣在生醫創新市場上的異同，陳兆煒醫師表

示，所謂「創業維艱」，創業不管在哪裡都是艱鉅的挑戰。美國的市場大，美國民眾對於醫療品質的要求及可接受的最低標準皆較高，在自由競爭下，醫療產業蓬勃發展，也能夠創造出更多的價值。

台灣則屬單一支付者市場，因為健保支付了大部分的費用，台灣醫療產業可以創造的剩餘價值幾乎被榨乾，在可創造的利潤有限下，新創很難創造新的價值，在發展上較具限制。但台灣電子病例、健保資料庫完整，醫療人員水準高，臨床試驗場域經驗豐富，是台灣發展新創獨特的優勢。

健保制度的確提供了民眾穩定的醫療保障，但我們可以進一步思考的是，民眾在健保支付大部分的費用之後，是否願意再多支付一些以獲取更好的醫療品質與照護，這樣就能創造在醫療產業創新的正向循環。

此外，美國與台灣的創新生態圈及加速器也擁有極大不同的樣貌，美國的加速器非常多元，有範圍廣泛的 Y Combinator 及 500 Global 等一般加速器，也有專注於特定產業的加速器，如專注生醫、隸屬於 SOSV 集團的 IndieBio，亦有大學加速器（university-based accelerator），像是柏克萊的 Berkeley SkyDeck。

無論在台灣或美國市場，加速器都是協助新創團隊成功的強大助力。北醫生醫加速器致力於提供新創團隊在台美市場成功的機會，除了期許加速器能夠成為亞洲門戶（Gateway to Asia），讓世界各國優秀的新創能夠利用台灣優秀的醫療環境成為進入亞洲市場的基石，也積極推動台灣生醫新創能夠利用台灣優勢，以全球為目標市場進行發展。北醫大積極營造生醫創業生態

圈，成功讓世界各國生醫創新社群肯定台灣為國際生醫創業生態圈的一員，取得與澳洲共同主辦創新醫材國際大會BME-IDEA APAC的殊榮。目前加速器不但與美國、澳洲、日本、新加坡、印度、以色列等生物設計機構緊密連結，亦與國內比翼生醫創投、美國UCSF Rosenmen Insitute、日本Premo Partners及Japan Biodesign、國際大藥廠AstraZeneca等全球夥伴共同輔導團隊。入選加速器的新創團隊可獲得投資及進駐北醫大雙和生醫園區加速器空間的機會，進一步立足台灣，放眼全球。

內部創業與外部創業的比較

　　陳兆煒醫師因曾有將自己的研究計畫商業化及在北醫大體系內成立加速器的經驗，進一步分享了自己對外部創業及內部創業的心得。大眾對於「創業家」的傳統認知是自組團隊、成立新創公司的「外部創業家」（entrepreneur）為主，不過其實有許多人才把握住在大組織中創建新單位或開啟新專案的機會，成為「內部創業家」（intrapreneur）。內部創業也是一個可以累積創新能力及透過創新對社會帶來正面影響的方式。

　　內部創業與外部創業的不同點在於：

1. 風險：在組織的保護傘下，內部創業需承擔的風險一般低於外部創業。
2. 資源穩定度：內部創業在組織的支持下，資源相對穩定，但亦須向組織證明投注資源的價值。

3. 發展空間：由於有組織框架的限制，內部創業的發展空間會有一定限制。

4. 報酬：如上所述，外部創業因應其較高的風險，有機會取得相對較高的報酬。

目前國內環境逐漸鼓勵創新，如科技部目前仍有一定數量的創新人才培育計畫，如「台灣─史丹佛醫療器材產品設計之人才培訓計畫」（Stanford-Taiwan Biomedical Fellowship Program, STB）、「台灣─柏克萊醫療器材產品設計之人才培訓計畫」（Berkeley-Taiwan Biomedical Fellowship Program, BTB）、「博士創新之星計畫」（LEAP）等，鼓勵產業組與學術組的傑出人才以訪問學者的身分連結國際創新生態圈。有志於創新的人才透過人才培育計畫建立扎實基礎後，無論透過內部創業或外部創業模式皆可創造不可取代的價值。北醫生醫加速器盼能在全球創新趨勢下，持續支持有志於數位健康、AI與醫療應用、醫療器材等領域的創業家們，為台灣醫療新創開創更多可能性。

══ IC筆記／詹益鑑 ══

如果說加入之初加速器（AppWorks）的那七年是讓我深入學習到加速器與創投精隨的創業與投資經歷，那麼在國家生技研究園區推動創服育成中心的那兩年，除了讓我重回曾經熟悉的生醫新創領域，同時有機會代表政府或服務單

位，連結多國的新創生態系與醫藥大廠。因為這些過程與累積，讓我帶著問題跟期待來到矽谷，而推了我一把的那個人，就是這集訪談的主角：陳兆煒醫師。

不僅是以前幾梯學長身分推薦我參加科技部BTB學人計畫而讓我有機會來到矽谷，在創服育成中心工作期間，我們更是共同協助AstraZeneca的亞洲創新計畫在台灣紮根、共同舉辦第一屆國際生醫新創加速器的工作夥伴。更巧的是，當我開始在柏克萊進行訪問研究，陳醫師也剛好再次來到矽谷，在史丹佛進行BioDesign Glogal Fellow的培訓，並共同經歷第一波疫情衝擊下的學研工作與生活變動，可以說是相識時間不長，卻有非常深厚的革命情感。北醫這幾年在產業化與新創界的努力有目共睹，而陳醫師與他率領的北醫生醫加速器團隊是非常重要的角色。我相信之後在矽谷與台灣連結的重要計畫，北醫與陳醫師將有越來越大的舞台與地位。

訪談連結：https://open.firstory.me/story/ckjmoxa2an0kw0893vlwavq9i

10

從生醫光電學者到智慧行動醫療新創執行長：看台灣醫療新創如何與矽谷連結合作

專訪陳彥宇／安盛生科執行長

「2000年的時候我剛好到矽谷的朋友家，在那個網路創業潮的時代，幾乎所有矽谷的朋友都在創業，連房東都不想要房租而想要股份。那時候在台灣，台灣大學電機系畢業的同學都想著搶進台積電、聯發科，等退休後可以做自己想做的事情。但是在矽谷，你可以不用等退休，當下就可以放手朝自己的夢想前進。矽谷真的是一個充滿無限可能的地方。」安盛生科（iXensor）執行長陳彥宇博士（Carson）笑著說。

因為矽谷的影響，回台後的陳彥宇積極參與創業比賽，透過比賽讓自己的創業生態圈更成熟。當時在研究所內的創業更有創投願意投資3,000萬元，在當時的確不是個小數目。但陳彥宇說，決定不放棄博士學位出來創業，一個很重要的原因在於，當

時仍感受到有許多的未知。在麻省理工學院一年訪問研究與加州理工學院（California Institute of Technology, Caltech）的兩年博士後期間，陳彥宇看到頂尖光學技術的樣貌，也了解到除了技術的突破外，若可以為這些技術找到關鍵應用，更將產生巨大的影響力。

而剩下的未知拼圖，在2009年的STB計畫，於史丹佛大學進行的訪問研究過程中找到解答：

1. 創新過程中，醫療體系、保險、醫生都需全面考量

在矽谷訪問研究這一段時間，透過了解醫療體系、保險、醫生等多元面向對於醫療創新的看法，發現唯有將各方面的意見皆納入考量，才有可能創造從研發、量產到進軍市場的醫療創新，這也讓過去一直覺得對市場所知不足的陳彥宇，看到更完整的樣貌。

2. 生物設計的啟發

生物設計的學習為陳彥宇帶來豐富的養分與啟發，透過系統化的方式協助其找到值得持續發展的題目，從競品優劣勢比較、專利布局、法規考量，到系統性框架學習與實務各層面完整思考。更透過參與許多矽谷新創的運作，與課程配合相互呼應並累積資源。

2012年，在找到對未知的解答後，他跟兩位STB學人以行動醫療科技的先驅為核心成立了安盛生科。陳彥宇指出，早年就曾透過PDA進行產品研發，他認為，量測如果可以隨身進行，將對生活產生無限的影響力。加上現在手機光學技術日新月異，除了取代攝影，若可運用於醫療檢測，將對醫療樣貌產生巨大的改變。此外，由於另一位合作夥伴非常專注於血糖研究，因此決定踏入行動血糖檢測的創新。

安盛的研發主要為平台服務，透過數據蒐集，可以加速不同產品在檢測上的精準度，是一個從數據量測、傳輸到整合後續服務的解決方案。而血糖檢測的技術對於團隊來說，更是很好的歷練。血糖檢測的要求很高，但打好這項基礎功後，後面包括血脂肪、血色素、驗孕產品的開發便極為快速，從過去一個新產品需要五到七年的開發時間，縮短到一年甚至幾個月的時間。

醫療創新的眼界在矽谷大開

安盛不只擁有技術，商業開發能力更是一流。陳彥宇指出，在生物技術的發展上，不只是技術，平台概念的應用更是重點。他們的產品線不僅有自有品牌，更進入美國前三大連鎖藥局通路（CVS），成為開架式藥局中少數來自台灣的智慧醫療方案。

2019年成為台灣第一個在數位醫療領域獲得艾森豪獎金（Eisenhower Fellowships）的陳彥宇，在參訪旅程中大開眼界。原來在以癌症治療、基因檢測等創新技術聞名的矽谷之外，被譽為「鄉村音樂之都」的田納西州納許維爾（Nashville）亦是醫療

創新的另一重鎮，並有「健康照護領域的矽谷」美稱。全美最大的幾個醫療集團，如HCA及LifePoint，均坐落於納許維爾。美國一年有將近3兆美元的醫療支出，高達30%使用於行政流程，而納許維爾便相當著重在流程優化部分的創新。

此外，位於聖路易斯天主教醫療保健組織Mercy採用虛擬醫院，沒有病床的遠距醫療，在當時覺得是創舉，沒想到疫情來襲，原來預估2025年才會開始普及的遠距醫療，由原來的2%成長到35%，讓遠距醫療成為發展的必然。

如何善用藥廠加速器資源，
擴展台灣發展數位醫療的優勢？

台灣發展數位醫療的優勢，在於過去二、三十年科技產業幫台灣訓練了一批優秀的人才，在美國，這群科技人才多被Google、亞馬遜挖角，但台灣可以善用這些頂尖人才進軍數位醫療，讓團隊競爭力大幅增加。

安盛在成立一開始即擁有矽谷天使投資人的加入，注入矽谷的創業DNA，更透過台灣的投資，讓安盛學習如何精準地把資源投入於公司未來的成長，成為立足台灣、胸懷全球的企業。

對於未來如何連結台灣與矽谷的優勢，陳彥宇指出，台灣擁有快速開發、利用合理價格做出高品質產品的優勢，但卻侷限於無法掌握市場的第一手消息。透過參與默克（Merck）、嬌生（Johnson & Johnson）的加速器，可以快速掌握市場需求與法規，搭配自身的技術優勢，是新創快速成長的好方式之一。

　　陳彥宇相當推薦台灣醫療生技新創與國際醫藥大廠加速器合作，醫藥大廠的加速器與一般的加速器不同，過去如果透過商業開發尋求與大廠合作是很漫長的過程，現在透過與藥廠加速器合作，可以直接與採購者、需求者深入討論並了解需求，讓新創可以快速修正方向，對於過去缺乏資料的困境，是相當好的解方。

　　隨著遠距醫療的快速成長，未來安盛期望透過既有平台結合數據傳輸與醫生進行溝通，包括新冠肺炎、未來的流感檢測等，讓檢測更為便利。隨著冬季到來，當大家困擾於自己得的是流感或新冠肺炎時，便可以透過居家檢測，精準判別。

　　安盛更將透過提供醫院或組織一個系統性管理的工具，利用個人量測或共同App進行檢測管理，讓組織、社區、學校可以取得適當的健康管理解決方案。

═ IC 筆記／詹益鑑 ═

　　Carson是我博士班的學弟，我們經歷了一起調整雷射光路、架構光學顯微鏡、軟硬體分工合作與寫論文的實驗室生活，也看著他從博士班時期的創業競賽連續獲勝、赴美深造六年再回到台灣創業，至今超過二十年的交情，幾乎可以說是我最熟悉的連續創業者跟生醫技術發明人。除了目前在生醫領域廣為人知的安盛生科，其實他在加州理工學院博士後期間就已經創業過很多次，對於觀察使用者需求、找出自身獨特資源與組建團隊，他都已經有豐富經驗。

在我來到矽谷之後，我們的狀態突然反轉。他在台灣創業將滿十年，而我如他當年一般在矽谷展開吸收與反芻的過程。因為熟悉彼此的背景與經驗特長，這一集我們主要談的是他過去幾年在安盛發展過程中所學到的創業與管理心法，還有獲得艾森豪獎金後在美國參訪所得到的實地見聞。生醫產業相較於其他產業特別著重在地經營，尤其美國的醫療與保險制度非常獨特，廣袤的土地跟多元的生活型態，造就了不同區域的醫療產業特性。如何發揮台灣的整體產業特性與醫療環境優勢，一直是我跟他長期討論跟揣摩的主題，希望跟各位分享。

訪談連結：https://open.firstory.me/story/ckkfdjgaebysk0854mx2c9rff

11

生醫創投之路：生技產業的投資觀點

專訪吳欣芳／Emerson Collective家族基金合夥人

　　吳欣芳（Momo）現在擔任Emerson Collective家族基金的專業基金合夥人，此前在麥肯錫顧問（McKinsey，矽谷分公司）及生技產業擁有超過十年經歷。在人才多以四十五歲以上、擁有豐富學經歷為主的創投圈，吳欣芳當年在台灣是極少數以大學畢業生之姿，進入生技創投領域的新鮮人。疫情席捲全球的2020年，更以超過200%的年報酬率，創造兩間公司被上市企業收購、一間公司在那斯達克（Nasdaq）公開發行（IPO）的佳績。

　　擁有台大生化科技學系學士學位的吳欣芳，跳脫過去畢業生通常繼續往更高學位深造，或任職於生科產業的途徑，選擇進入生技與商業交叉口的創投產業。「協助新藥加速研究、推出，更有機會獲利，生技創投是我相當喜愛的工作，」吳欣芳笑著說。

以生物科學為核心，開啟多元領域發展的契機

　　「現在回想起來，對我的選擇很關鍵啟發的一件事，便是大四時，有機會前往哈佛當訪問學生。當時台灣社會對大學生的期待是積極準備繼續攻讀碩士班。但是在美國，大學生會相當有計劃地先進入職場，再考慮深造學位，」吳欣芳說。在同學的帶領下，吳欣芳在美國積極參與各種求職活動，一家家公司了解各種不同的工作內容。在探索的過程中，發現原來以生物科學為核心，竟然可以擔任包括專利律師、創投等多元領域的工作，進而開啟吳欣芳進入創投的興趣與追求。

　　傳統上，生技創投招募的人才，在生化科技與商業兩方面的專業知識缺一不可，但同時能具備的人才鮮少，這也是為什麼大部分創投人才都需要在產業累積一定的資歷。加上生醫領域的分工相當細密，要能懂得整個產業鏈，並且有能力取得生技公司未公開的資料，更是相當困難。因此，深厚的產業經驗，成為生技創投人才的重要優勢。

　　但現在的年輕人也並非沒有機會，過去許多私募基金投資的私立公司，都需要透過有經驗者的人際網絡引薦，現在隨著網路資訊的發達，年輕人可以善用資訊容易取得的特性，打破過去經驗與人脈造成的限制，創造自己的新定位。

造就三間公司出場佳績背後的主因

　　吳欣芳在疫情下的2020年，成功創造三間公司出場的佳

續，她解析這個機會點發生的原因在於：

1. 時勢造英雄

2020年的投資環境相當好，資本市場蓬勃發展，讓許多
生技公司趁勢而起，一鳴驚人。

2. 擁有並堅持自己的看法

過去學歷與在麥肯錫顧問的金字塔訓練下，吳欣芳很重視
先清楚劃分市場區隔，了解哪些正處於成長趨勢，哪些可
以出場。從Thrive以21億美元被Exact Sciences收購的案
例來看，吳欣芳剛開始最主要的假設有兩個，第一：癌症
早篩是否重要；第二：如果有市場，如何抓住這個市場。

a. 是否重要：癌症如果早期發現，治癒率相當高，也能夠
   大幅降低後續的醫療支出。
b. 如果癌症早篩有市場，如何抓住這個市場：民眾難以藉
   由疼痛來發現早期的癌症，所以需要一個相當簡單，譬
   如驗血這樣的過程進行檢測。此外，需要一個能夠一次
   檢測多樣癌症，而非單一癌症的模式，接受度才高。

設定出這樣的標準後，在後續許多面試中，對於只能提供
單一癌症篩檢的公司，吳欣芳的團隊一律拒絕，直到後來遇到

Thrive，它同時符合血液測試與多樣癌症早篩的條件，才獲得投資。

麥肯錫背景成為其不可取代的優勢

吳欣芳在台灣生技創投取得經驗，到美國繼續深造博士後，選擇進入麥肯錫顧問（矽谷分公司），在創投中屬於相當特別的人才。吳欣芳說，在台灣生技創投期間，相當熱愛這份工作，但是因為團隊成員皆相當資深，深感繼續擴展科學與商業兩方面學經歷的需求。在科學方面，吳欣芳選擇於加州大學舊金山分校（UCSF）攻讀藥學博士學位。在商業方面，吳欣芳捨棄攻讀MBA，而是選擇進入麥肯錫顧問。「顧問公司是很像一個客戶出錢讓你念MBA在工作中實戰學習，你辛苦為其效命的工作，」吳欣芳笑著說。

吳欣芳在麥肯錫顧問主要服務的客戶都是跨國醫藥大廠，協助其進行併購及確認發展藥物的市場需求與重要性，這個經歷對後續進入創投產業具有相當幫助。吳欣芳指出，生技創投投資的新創，最後都以上市或收購出場，而吳欣芳在麥肯錫顧問的經驗，讓她更了解大藥廠併購新創的策略，也成為其不可取代的優勢。

家族基金更專注於早期投資，承受較大的風險

目前吳欣芳擔任Emerson Collective家族基金的專業基金合

夥人。「家族基金主要是由某個家族利用其家族資產成立的投資公司，在整體投資的操作上更具彈性，且能朝基金想要做的方向，譬如社會公平與正義等，予以深耕，」吳欣芳說。相較於傳統創投，家族基金創投比較沒有這麼大的財務與時間壓力，可以更專注於早期投資，承受較大風險，譬如支持學校教授的研究，其獲利再繼續投資，建立整個正向的生態圈。

面對疫情的來襲，吳欣芳表示，由於生技產業與科學比較相關，市場相當明確，所以對於生技創投與新創團隊的交流並沒有太大的影響，團隊成員也可以透過網路快速進行資歷查核（Reference Check）。唯獨對董事會的運作影響最大，董事會需要進行許多重要決議，過去實體會議能夠快速在現場反應，了解問題，並取得共識。遠距董事會則需要花更多時間私下先與董事達成共識，因此較受影響。

新創公司如何選擇董事會成員？

對於董事會成員的選擇，吳欣芳提供幾個重要方向：

1. 研發取向的董事：生技新創早期擁有具有科學、研發背景的董事相當重要，可以協助團隊在董事會中進行研發過程的說明、討論與說服。
2. 擁有商業人際網絡取向的董事：以Thrive的收購為例，因為其董事認識Exact Sciences的執行長，一通簡訊便促成一樁美事。

3. 善用創投團隊：創投投資後，把新創團隊當成夥伴，必定派遣最適合的代表進入董事會，這個時候若能與創投相互合作、取經，必能事半功倍。

　　吳欣芳說，一個新藥從研發到第三階段的測試，花費在5億美元以上，如果市場不夠大，的確較缺乏發展的空間。對台灣的新創團隊而言，從研發到新藥上市（End to End）可能不是一條最好的道路，但是，加值（Value Added）的發展絕對可行，提供給台灣生技團隊思考。

═ IC 筆記／詹益鑑 ═

　　矽谷創投跟台灣創投最大的差別，除了在公司組織分屬於總經理制與合夥人制之外，最大的顯著差異就是矽谷的機構投資人，很有意識地在栽培與提拔優秀的年輕人，並且讓他們在不到四十歲甚至三十出頭的年紀就進入合夥人的階層，成為重要的管理決策夥伴。本集所訪談的 Momo 就是一個非常獨特而且成功的案例。

　　雖然事實上在矽谷的許多成功創投，一直都有年輕而且卓越的女性合夥人存在，但整體來說醫藥業與創投業一直都有老、白、男的族群分布爭議。女性合夥人或執行長的數量也真的不多（我擔任導師的 Berkeley SkyDeck 與 500 Global 就是少數由女性擔任執行長的知名加速器）。身為亞裔年

輕女性並進入向來最封閉的家族辦公室（Family Office）領域，Momo確實替這個產業的多元性創造了新的一頁。撇開族群議題，Momo如何透過正確的途徑選擇與經驗累積，讓自己從一名大學畢業生到進入生技創投、管理顧問與家族基金，非常值得有興趣進入或理解這些行業的讀者收聽這集訪談。

訪談連結：https://open.firstory.me/story/ckkp2azud3oea0864uar90wyy

12

以併購推動台灣企業的國際化布局：
半導體、遊戲和生醫產業的投資觀點

專訪瞿志豪／創新工業技術移轉股份有限公司總經理

　　現任創新工業技術移轉股份有限公司（ITIC）總經理的瞿志豪先生原為連續創業家，後轉任創投，經歷豐富。1998年就與台大電機的同學共同創立「和信超媒體」（GigaMedia），擔任技術長（CTO），並成功於2000年在美國那斯達克上市（股票代號：GIGM），當時為那斯達克規模最大的海外網路公司上市案，也是台灣唯一在那斯達克掛牌上市的網路公司。自2004年起同時擔任公司之執行副總裁（Executive Vice President），負責公司之策略規劃與併購，成功引導公司策略轉型至線上娛樂產業。

　　2015年加入由陳五福先生創辦的創投機構「橡子園顧問有限公司」（Acorn Campus Taiwan）擔任合夥人，專注於投資早期新創事業。此外，瞿先生也擔任台大衍生公司VSense的董事

長，並於台大開設組織運作導論、進階領導專題、生醫創新與商業化、平台策略等課程。2020年接受ITIC徵召，擔任總經理一職。瞿志豪表示，台灣的創投多屬於後期投資，台灣的確很缺乏前期的天使投資人，希望透過號召，讓更多早期的天使投資人一起加入扶植台灣新創的行列。

瞿志豪的創業故事，可以說是全球科技演進的縮影。1998年，還在就讀台灣大學的瞿志豪在對人生感到迷惘時，被同學找來創業。雖然這並非在預期規劃中，但趁著網路熱潮，於1998年10月創立的和信超媒體，在1999年就獲得微軟3,000萬美元的投資，2000年順利在那斯達克上市。「當時一切的速度真的很快，快到都不知道進度就上市了，」瞿志豪笑著說。

和信超媒體可以說是搭上網路泡沫化的最後一班列車，上市時股價衝到92美元，對瞿志豪來說好像作夢一般。「但事後證明這真的是夢！因為我們馬上遇到網路泡沫的衝擊，股價最低掉到（美元）3毛錢。當時我們成功得太快，滿手資金的公司最高人數達八百人，泡沫後，公司裁員剩一百人不到，讓我體驗到什麼是自由落體式的改變。」瞿志豪說。

和信超媒體透過併購快速切入線上遊戲市場

在網路泡沫的衝擊下，和信超媒體開始尋找轉型的契機，並以線上遊戲為主要的新定位。但和信超媒體本來跟線上遊戲沒有任何關聯，要如何快速切入並開始獲利？由於和信超媒體是上市公司，擁有資金、股票的優勢，加上因為進入新產業需要快速獲

利的壓力，瞿志豪說當時覺得採取併購是最好的方式。和信超媒體陸續併購了波士頓、上海、新加坡、東京、香港、台灣等地多家線上遊戲公司之後，便徹底轉型為線上遊戲公司。

瞿志豪在和信超媒體主要擔任技術長，但在過程中也不斷發展自己在投資上的第二專長，包括在當時的併購業務，都扮演相當重要的角色。2008年，當時和信超媒體股價漲回28美元，由於美國內線交易（Insider Trading）的法令相當嚴苛，身為公司高階主管很難賣股票，瞿志豪決定將股票變現，落袋為安，但也因此離開了一手創立的和信超媒體，展開人生的另一段冒險。

創業是一場接力賽，早期投資協助新創跑到終點線

創業是一場接力賽，唯獨目前創投主要進行的都是後期投資，但是如果沒有早期投資，可能有許多新創在跑到終點線前就夭折。因此，2015年，瞿志豪開始幫台灣大學建立天使投資基金，就是在這個過程中，遇到了人稱創業之神、創了十三家公司都沒有失敗過的陳五福。為了替台灣創業環境盡一份心力，進而創建橡子園顧問有限公司，主要針對有前進世界潛力的早期新創進行投資。

橡子園顧問主要以生物醫療、材料科學、農業領域、醫療器材等領域為投資目標，瞿志豪說，台灣願意進行早期投資的創投很少，少數創投像是之初加速器主要投資在網路、電商、通訊、人工智慧、區塊鏈等領域，因此橡子園顧問選擇聚焦在其他需要投資的產業。

台灣新創擁有技術力，但商業化能力較弱

以目前橡子園顧問投資的新創來看，都屬於技術很深的領域，同一個技術的商業化，可以擁有許多不同的應用，也可以轉化為很多不同的產品、解決不同的問題。因此，這些新創最大的挑戰不在技術，而是在於如何幫技術找到最適合的戰場與商業模式。台灣新創企業通常都具有相當好的技術力，但商業化能力較弱。橡子園顧問的早期投資與矽谷「橡子園育成中心」（Acorn Campus）很不一樣，不只投資資金，更需要在旁邊帶著團隊一起做，發展商業計畫的方向與策略。

會被徵召到 ITIC 主要便是因為這段橡子園顧問的經驗。成立於 1979 年，ITIC 為工研院的創投公司，可以說是台灣創投的先驅，當時主要是為了持有從工研院獨立出來的聯華電子的股票而設立，目前新竹科學園區內許多公司都與 ITIC 有關，ITIC 與台灣的科技業發展有著密不可分的關係。

ITIC 徵召，重回早期投資初衷

ITIC 剛開始成立的初衷的確是為扶持早期新創，但隨著組織的成長，在瞿志豪加入前，後期投資的金額已遠遠超過早期新創。「重新看中台灣的早期投資，是 ITIC 找我擔任總經理最主要的原因之一，重新找回初衷，」瞿志豪笑著說。

瞿志豪說，ITIC 擁有極為優秀的投資團隊，我們更重新思考 ITIC 的投資策略定位，創造與其他創投的差異性。放眼全

球，半導體一直是台灣最能被國際看到的產業，而台灣的半導體並非只有台積電，從上游到下游，IC設計、製造、封裝測試都占有極為重要的國際地位。因此，未來ITIC將以半導體——這個世界無法忽視的題目——為主要投資策略與定位。而ITIC的投資也並非只集中在台灣，對於國外的投資思考點，則在於是否能與台灣的生態系串聯。

創業是個強迫學習的過程，你要做好充分的準備

瞿志豪說，台大創新創業學程創立於2008年，對台灣新創生態圈具有舉足輕重的影響，在這十幾年的推動下，可以看到年輕人創業的意願大幅提升。「創業就算失敗也可以學到很多，因為在創業的過程中，你被迫要學習很多事，走過創業過程的人，知識廣度會比一般人大很多。」

但是創業絕對不是冒然嘗試，創業之前，自己要先準備好需要的能力，從技術、業務，到行銷、管理等。不論是自己具備這些能力，或是團隊具備這些能力，好好充實自己、找到合作夥伴，都能讓創業成功率增加。創投喜歡投資的團隊，多半是擁有產業經驗的團隊，很少是剛畢業、沒有歷練的人，可以提供給想要創業的人進一步思考。

最後，瞿志豪說，美國有很多天使投資人支持早期投資，這些人多是退休的企業家，在財務自由後，希望能為新創貢獻一份心力，期待台灣也能有更多早期投資人，提供給台灣新創更多走向國際的機會。

═ IC筆記／詹益鑑 ═

　　跟志豪學長相識其實不算太早，雖然他已成名很久，我也一直想認識他，但我直到2015年加入台大創創加速器的業師行列，才跟他有比較多共事及交流的機會，之後我們也在H.Spectrum共同輔導生醫新創。而最特別的經驗，是他在2018年邀請我加入生醫產業新創推動方案的核心團隊，接任他擔任的創新長一職，後來雖然因為組織調整而沒有參與太久，但也由於他的邀請，讓我有一段時間非常緊密地與相關部會及推動單位的長官長期互動，某方面也讓我累積國際交流的經驗，促成我來矽谷的動機與資歷。

　　直到這次訪談，才知道在2015年之前，學長因為在和信超媒體超過十年的辛勤努力，雖然有了最後出場的回報，但也犧牲了陪家人的時間，因此花了幾年時間擔任全職爸爸，並開始回饋母校跟新創生態系。直到2015年才算正式復出，現在想想我也非常幸運，能在第一時間就跟學長開始交流，才有了後來好幾年的互動，以及從他身上學習的機會。這兩、三年學長被邀請到ITIC是非常棒的消息，我相信在他的帶領與努力下，這個曾經創造出台積電與許多高成長新創的創投平台，將會有新的氣象與動能。

訪談連結：https://open.firstory.me/story/ckwo0rp7v76j70894j83263dh

CHAPTER 3

天使、加速器、創投與募資

導讀

為何在矽谷創業既貴又便宜？

詹益鑑

　　近年來，從加州人口外移、全美最高的薪資與房價、擁擠的交通等因素，許多專家會認為矽谷的競爭力正在下降，也是許多城市或政策規劃者提出的論點。但前年底的一篇文章（詳見文末連結），從數據跟創業者的觀點，提出有力的說法，值得參考。

　　首先，作者引述知名加速器Y Combinator創辦人保羅・葛拉漢（Paul Graham）的說法，在十八個新創企業會犯的錯誤之中，地點選擇錯誤排名第二。當年Y Combinator在波士頓創業，然後搬到矽谷，除了跟隨Facebook的移動軌跡，也實踐了這個說法。

　　若比較兩個同時啟動、投資規模接近的新創加速器，一個是專注於矽谷的Y Combinator，相較於強調遠離矽谷的TechStars，以獲投新創的出場家數、後續募資規模跟估值相比，前者大勝後者，而矽谷也可以說是全球新創加速器最密集跟最競爭的地方。

　　其次，從初創、成長、成熟期等不同階段的科技公司分布來

說，矽谷（包含舊金山）在美國幾乎都占據一半以上，尤其準獨角獸、獨角獸、上市科技公司的密集度，舊金山甚至超越過往最熱門的南灣。

再以人均創業投資來說，灣區遠遠超過其他地區（矽谷及周邊地區約占美國人口的3%，但在2018年占創業投資的46%）。由於創業投資遵循了乘冪分布（Power Law的世界，或稱贏者全拿）與網路效應，因此大數量與高品質會產生加乘效果，類似電影界的好萊塢（或者金融界的華爾街）。

因此，表面上新創企業在矽谷徵才跟募資很昂貴，但是周邊的支持系統，例如：熟悉初創企業的律師、會計師、導師、顧問與各種外包廠商等都因為競爭激烈而相對便宜。事實上，對創業者來說，最貴的不是募資跟徵才，而是找不到錢跟找不到人，或者花很多時間但找不到適合的人跟錢。

也就是說，表面上在矽谷的創業成本很高、競爭又激烈，但如果理解生態系的網路效應、乘冪分布還有時間成本，就會知道矽谷對創業者來說，其實是最便宜的地方。

事實上，除了這篇文章所提的數據，還可以參考兩份資料。一個是以新創公司、創投、私募基金為主要研究與分析對象的PitchBook，每年都會公布根據獲得創投投資的創業者人數、新創公司數量與投資規模等數據的全球前五十名大學排名。前十名之中，矽谷最知名的私立與公立大學：史丹佛大學與加州大學柏克萊分校分居一、二名。

再根據美國創投公會（National Venture Capital Association, NVCA）與PitchBook進行的統計分析，無論在新創投資的數

量、創投基金的總額、管顧公司的家數等，加州都占據全美五十州的第一名，而且數字都超過全美總和的一半以上。

這也難怪北加州的人均創業跟投資數量是全球最高。領先者優勢或許是時間與空間的偶然，但網路效應一旦成形，加上乘冪分布與正向循環，區域跟生態系的競爭力將建立強大的護城河與領先者地位，難以撼動。

過往二十年，全球許多都市都希望能效法矽谷。但真正比較成功的，也只有原本條件就與矽谷相仿、同樣有產業生態系、企業投資與人才優勢的波士頓，但主要也就是集中在生物醫學（Biomedical Sciences）與人工智慧，這個優勢主要來自該區域的臨床醫療及學術機構的密度與質量。

同樣地，紐約這幾年在金融科技與保險科技領域也有大量新創，也是來自產業特性與人才背景。在紐約要遇到硬體工程師的機會，可能還不如有財務或工程背景的華爾街從業人員。這就是我一再強調的，無論創業或打造生態系，關鍵都是找到自己的獨特優勢。

最後，如果用時間成本來思考，那全球真的沒有比科技製造業密集、醫療環境優異的台灣更適合做硬體設計、開發製造或臨床試驗來修正產品與快速疊代的地方。但反過來說，不需要高速疊代的產業，在台灣其實優勢就不大，或者成長空間有限。同樣道理也適用於台北在台灣的地位，服務業與網路業有充足的技術與行銷人力、創投、外部夥伴與初期市場，相較於台灣其他地區都有明顯優勢，但一旦要出海，就是另一回事。

這個章節，我們收錄了多位在矽谷、台灣與國際上的創投合

夥人、行銷專家與專業經理人，從他們的經驗與角度，描繪新創企業該如何尋找合適的投資人，如何在矽谷進行在地化的商業發展與群眾募資方案，以及台灣創業者在當下擁有怎樣的優勢與機會。

　　矽谷不是一天打造的。它不是一個地方，而是一種文化。有著獨特的「創業者優先」思維，又長期建構了最完整的創投合夥人制度與生態系。我們也許永遠無法成為矽谷，但我們可以成為它最好的夥伴，或者生態系的一環。

文中數據與圖表請見：https://icjan.blogspot.com/2020/09/Why-SV-Best.html

13

用國際團隊建立國際連結：矽谷創投 分享台灣新創如何在世界發光

專訪鄭志凱／Acorn Pacific Ventures 共同創辦人暨合夥人

　　目前是 Acorn Pacific Ventures 共同創辦人暨合夥人的鄭志凱（CK），同時也是台灣活水影響力投資的董事長暨共同創辦人。最早任職於神達電腦，後因外派開疆闢土，1988年前往矽谷至今。從外派經理人，到成為在神達的支持下，於2000年創立聯訊創投（Harbinger Venture Capital）矽谷投資合夥人。鄭志凱認為，矽谷許多朋友相當致力於創造台灣與矽谷從人才、資金到商業模式上的連結，但是要拿到矽谷的資金，挑戰性真的很高，如果有台灣新創團隊想以美國為市場，需要考量將總部設於美國，在美國找到適合的執行長，透過其美國的人脈、對當地文化與各種專業知識的了解，以美國的方式解決在美國遇到的問題，透過國際團隊找到國際資源。

台灣企業與中美市場的特性

鄭志凱指出，台灣的企業都算很成功，不管從股東權益報酬率（Return on Equity, ROE）或投資報酬率（Return on Investment, ROI）來看都很好。但是因為毛利（Gross Margin）結構的關係，賺得都是辛苦錢，所以，在創投的評估上，不管從人才、思維上都相對受限。相對地，美國的企業因為毛利都在50%以上，投資成為企業擴展版圖與視野的必要工具。

中國包括小米、騰訊、阿里巴巴等集團，因為成長快速，皆擁有相當大的投資集團。目前在那斯達克上市的美國企業，包括Airbnb、Uber等都還沒有開始獲利，他們能夠持續地發展，就是因為後面有足夠的資金在支持，同樣地，台灣新創公司絕對要以全球市場為目標，但在此同時，絕對需要考量團隊的資金、人才、人脈與願景。

用「開源」的觀念走向國際市場

台灣團隊尋求美國資金的成功案例並不多，主要原因在於，台灣團隊較重視團隊的高控制性。但我們可以用「開源」（Open Source）的觀念來看走向國際市場這件事情，台灣團隊有技術、有產品、有人才，但缺乏資金，鄭志凱強烈建議，想要進入美國市場的團隊，除了在美國設立總部、任用美國執行長，更要找美國的資金，而非把台灣的資金帶進美國使用，要用國際團隊打國際的仗。此外，由於目前包括蘋果、Google都強化在台灣的投

資，台灣目前有很多新創都是這些科技巨擘的生意夥伴，也可以藉此機會尋求更多的可能性。

鄭志凱說，在新冠疫情的影響下，許多企業接受長期遠距工作的模式，也成為台灣人才的另一種機會，讓台灣許多優秀的技術人才，可以透過成為企業員工或外包等形式，接受國外企業的文化洗禮。

鄭志凱指出，台灣與矽谷新創圈有許多雷同之處，包括創業者之間都保有密集的聯繫與交流，更有許多從財務、法律到業師等資源的協助。台灣有人才、有資金，更有政府多元的支持，缺乏的是對國際趨勢的接軌與了解，以及從政府到產業，可以與國際實質對話的人才，人才培育的確是需要重視的根本問題。

人才培育可以分為好幾個層面，以年輕人來說，到海外求學是了解國際趨勢相當重要的方式。對新創團隊來說，及早部署國際團隊，突破現在台灣既有的現狀，做好進入國際市場的心理準備與計畫，更是相當重要。

台灣團隊需與國際企業建立夥伴連結，
而非只是生意關係

此外，與國際企業有實質連結相當重要，就目前的觀察，台灣通常都是由高層或實際執行的單位在與國際企業聯繫，但台灣團隊需要建立的是夥伴連結（Partnership），而非只是單純的生意關係（Vendorship）。以現在的Google為例，三十五到四十五歲的華人很多，蘋果的面板部門幾乎都是台灣人，許多都是移民

第二代，但即使他們會回台灣探親，創造的生意連結卻相對少，這方面是我們可以強化的。

台灣跟以色列不一樣，
互相合作潛力無窮

我們常說台灣跟以色列的情況類似，都是小國，具有高科技的能力，並且緊鄰強敵。但鄭志凱卻不這麼認為，他認為台灣其實跟以色列有很大的差距。猶太人在全球相當團結，並且擁有大量國際級的優秀人才，與國際的連結很強。反觀，在美國能真正打入美國文化與社會的台灣人並不多。

所以，台灣要做的並不是模仿以色列，而是與以色列合作。鄭志凱說，我們與以色列應該不是只有生意上的往來，而是深層、結構性、策略性的合作，結合以色列的技術與台灣的製造能力，必定具有高度的全球競爭力。

影響力投資，
支持具有理想性的年輕創業家

除了創投的角色，鄭志凱也是「活水影響力投資」的董事長暨共同創辦人，他表示，這也是全球的趨勢，除了資本利得，全球有許多企業更願意同時擔負起對社會、環境的責任。這種公司的確需要不同樣態的投資人，也就是我們所說的影響力投資（Impact Investing）。台灣有許多具有理想性的年輕創業家，他們

的確很難找到資金，活水影響力投資最主要就是幫助這類型的創業家。以「綠藤生機」跟「鮮乳坊」這兩個活水相當成功的投資案例來看，鄭志凱說，這都是活水相當早期的投資，以綠藤生機來說，三位創辦人是台大的同學，而且都在金融界擁有相當的資歷，在其對社會的理想性下，離開金融業投入綠藤生機。他們的學經歷、主觀、心態與社會理想性，都是活水決定投資的重要原因。

美國在影響力投資的光譜更寬廣，形式也相當多元，從對社會企業（Social Enterprise）提供擔保、資金借用到投資取得股份等方式都有，但相對於科技產業的創投規模都相對小，以活水為例，目前投資的十二家都是從一開始就進入協助，需要更多的引導與陪跑。

擁有在矽谷三十年的經驗，鄭志凱不但持續連結矽谷與台灣的機會，洞察許多台灣新創的優劣勢，更對台灣團隊提出關於走向國際相當重要的建言。

＝ＩＣ筆記／詹益鑑＝

與CK相識於早年我在聯訊創投短暫服務的期間，後來隨著我的職涯與角色轉換，又在很多場合碰面，無論是面對創業者、企業高層或政府官員，每一次都對於他深刻的發言與中肯的建議，感到敬佩。除了曾經是前同事、大學同樣主修物理，也同樣關注於社會企業與教育之外，CK另一個啟

發我的地方就是長期撰寫對於矽谷與台灣新創生態系的觀察，以及在矽谷如何從專業經理人轉為創投與天使投資人的歷程。

也因為CK自身有在美國開疆闢土與投資新創的經歷，無論是從企業進入美國市場的角度，或者新創在美國募資與用人的挑戰，他都有非常實務而在地的觀察與建議。化約成最簡單的說法，就是要打美國市場，就要拿美國的資本、用美國的人才，執行長也必須親自披掛上陣，才有機會殺出一條血路。在矽谷的創業者與投資人，無論哪個國籍，都是全世界最努力跟拚命的一群。擅用在地資源與連結，理解當地文化與市場，才有機會組國際隊、打世界盃。

訪談連結：https://open.firstory.me/story/ckjmoxa26n0ku0893x6u950zf

14

立足台灣，放眼全球！如何找到開發美國市場的有效商業模式？

專訪蘇祐立／杰悉科技北美市場代表

台灣許多新創希望走出台灣市場、放眼國際。但是美國市場跟你想的一樣嗎？台灣團隊的技術能力不容小覷，但是如何精準掌握美國市場的需求呢？我們特別邀請到擁有台灣、中國、美國多年商業開發（Business Development）經驗的專家蘇祐立，分享台灣公司該如何在不同市場找到適合的市場定位和商業模式，以及如何成功規劃美國市場的第一步。

「台灣人的優勢在於來自海島國家對於各種文化的高接受與銜接度，」曾經擔任中國深圳矽遞科技（Seeed Studio）國際商務拓展副總，並協助許多新創硬體團隊製作原型（Prototyping），後期更擁有多元軟硬體整合經驗的蘇祐立表示。

擴展國際市場的四個重要關鍵

　　台灣的硬體團隊很有優勢，就像蘋果面板在美國的團隊幾乎都是台灣人，因為台灣人擁有可以與各種文化圈彈性溝通的能力，能夠快速融入理解各國商業文化。即便如此，台灣團隊想要走入美國、中國等市場，擁有彈性仍然不夠。以美國與中國此種大陸型國家來說，很多商業型態（Business Format）都與中小型國家大異其趣。就以產品上市為例，大陸型國家並非單一市場，美國每個州，中國的華中、華北、華南等地方差異很大，每個區域市場都需要了解在地需求來微調。另一方面，大陸型國家的公司規模也大，往往在各地擁有十幾個甚至上百個辦事處或分公司，如果想要產品落實到每一個點，都需要進行巡迴實地推廣介紹，絕對與台灣經驗相當不同。

　　美國矽谷與中國深圳都是發展相當快速，且能接受新科技和新服務的地區，政策規定與文化是兩個關鍵因素。台灣的法規相當有基礎，但是往往強調防弊大於興利。美國灣區與中國深圳特區兩地的產業政策和政府治理，往往是相對能接受新科技和新商業模式來做溝通與調適，但是兩地相較起來，中國的政策在推動上比較像風吹沙，常常是由上而下、家父長制的方式下指導棋，雖然快速但是產業界共識不足，相對基礎也較不穩固。美國則比較像蓋房子，常常是由產業界自行推動並和政府雙向溝通，較具有基礎及討論空間。

　　所以如何找到對的商業模式相當重要，台灣團隊若想要擴展國際市場，以下四個是成功與否的重要關鍵。

1. 迅速打開知名度

台灣團隊要進入國際市場，首要的挑戰在於如何迅速打開
知名度，所以行銷、人脈變得相當重要，包括展覽、活
動、有計畫地與顧客聯繫、透過行銷工具提高曝光等都相
當重要。

2. 需有十八至二十四個月的準備金

台灣由於市場密集，所以通常一年就可以看到成果，但是
美國與中國的市場相對大，基本上需要大概兩年的基本功
打底才看得出成果，所以需準備好十八至二十四個月的準
備金。

3. 科技業以 SaaS 為主要的模式

這幾年，美國矽谷與中國深圳都相當重視「軟體即服務」
（SaaS）的商業模式，透過不斷更新疊代地提供訂閱制產
品給客戶，讓客戶可以使用最新的產品，同時也為自己建
立穩定的現金流。過去台灣與日本都比較習慣專案服務的
方式，偏好看到一套軟體放在自己公司的伺服器上。然而
美國與中國鑑於降低成本與提高效率等層面之考量，幾乎
都以 SaaS 為主要的產品交付模式。如何將目前的技術、科
技切入 SaaS 模式，或許是台灣團隊可以優先思考的地方。

此外，採用SaaS模式建立產品，需要擁有一個優異的產品管理團隊，能從專案思維轉化為產品思維。概略地說，就是以前由客戶決定產品規格，現在要轉變為自行定義產品，並在過程中接受市場回饋意見、不斷修正。

SaaS模式相較於台灣過去的專案模式具有幾項優勢，包括：由於軟體服務能夠不斷疊代更新，比起專案規劃一開始就須把功能想齊全來得更敏捷，並可進行新產品市場的最小化測試（Minimum Viable Test, MVT）。

不僅如此，透過周邊產品的API串接也能讓功能更加齊全，對許多公司來說，除了可以更具體估算未來財務狀況與效益，也可以有效節省軟體維護的人力支出。

但是，SaaS模式並非萬能，只是剛好不同市場有不同的產品需求，想要進軍美國市場的台灣團隊一定要將這個美國已經習以為常的模式納入考量。

4. 說服合作團隊

蘇祐立指出，在亞洲，商業推廣的討論與決策通常都是由上而下，只要說服主要決策核心人物，成功機率就很高。但在美國則是完全不同的運作方式。舉個例子，他曾經開過兩天每天連續十幾個小時，和一間大公司下面不同部門

共十八個團隊的馬拉松式圓桌會議。在美國，不僅需要說服核心決策人物，而是對所有相關團隊成員都要說明、說服、集體決策。這與每個國家的職場文化有很大的關係。所以蘇祐立的角色就是以其豐富的經驗，快速找到切入點，協助團隊取得客戶認同。

進軍國際市場是許多台灣團隊的商業規劃與長期目標，深入了解市場的需求，找到適合的合作夥伴，將是成功的第一步。

═ IC 筆 記 ╱ 詹 益 鑑 ═

跟祐立熟識是開始於他在矽遞科技工作時，我們邀請他們進駐之初加速器為物聯網新創所打造的Smart Things Space。藉由他在兩岸科技公司與硬體新創界的人脈與關係，我逐步認識了2014年開始興起的群眾募資、模組化硬體、快速開發、小量製造模式。多年之後再次相遇，他已經在矽谷生根落地，而在我幾次走訪時，他總扮演在地的溫暖接待者，甚至在我舉家遷來前的尋屋之旅，還借住過他在東灣的住處，後來才知道許多朋友都曾經接受過他的款待。

也因為在矽谷的這兩年，我曾經扮演幫台灣公司打頭陣、建立在地連結、尋找生意機會跟聘用在地員工的角色，所以對於祐立所建議的這些要點，完全有感。就別說隔海千里遙控有著時差跟語言隔閡，即便在地的客戶與員工，都有

不同的文化跟習慣，如何管理與溝通，如何打進既有的生態系與產業圈，都不是花錢跟請人這麼簡單的兩件事。台灣新創多半以技術見長，但談到募資與行銷，幾乎都是短處而非優勢。非常推薦有意來美國發展市場的創業者跟經理人，可以聆聽我們這一集訪談，或者在我們粉絲頁留言，一起來矽谷打國際盃。

訪談連結：https://open.firstory.me/story/ckjmoxa32n0lc0893yrzvol4w

15

矽谷加速器500 Global的亞太區趨勢策略

專訪鄭同／前500 Global 亞太區創新與企業關係總監

　　台灣許多新創都希望可以進軍國外市場，但是回頭來看，這些公司是否真的了解自己需要的是什麼？是資金、人才、還是客戶？做決策前是否先到當地釐清政策與環境？這些都是台灣新創擴展國外市場的重要思考點。在台灣投資育成十二家公司，更是全球最活躍創投第一名的500 Global，其前任亞太區創新與企業關係總監鄭同（Thomas Jeng），以他豐富的經驗與趨勢觀察，對積極走向國際市場的台灣新創公司，提出最深切的建議。

　　2019年，矽谷加速器500 Global共投資了亞洲、非洲和拉丁美洲等新興市場共兩百八十五家企業，其中許多公司你我都並不陌生，包括已發展成獨角獸的Grab、Udemy。

500 Ecosystems：
建立全球新創加速器計畫，並媒合相關資源

出生於美國，國高中於台灣求學，擁有美國耶魯大學（Yale University）MBA碩士學位、喬治城大學（Georgetown University）國際關係管理學位的鄭同，在加入500 Global前也曾是創業家。他指出，目前500 Global的服務項目主要分成兩個部分，一是主要投資早期新創的自營基金，一是曾由鄭同協助帶領的500 Ecosystems，負責全球各個不同加速器與新創計畫，並且積極與政府、基金會合作，為新創團隊和企業媒合相關資源。

鄭同表示，亞太地區的新創正在蓬勃發展，而各個國家也相當積極培育自己的生態圈。其中企業、新創團隊與政府各扮演不同的角色。企業可以提供的資金、客戶與技術平台，對於新創團隊而言非常有助益。新創團隊則可以提供大企業新穎的商業模式、技術或是人才。政府則比較少直接與新創團隊合作，而是著重於整體生態圈的養成。從國安或經濟競爭的角度來看，新創生態對於提升一國的國際地位，具有一定的幫助。

這幾年，許多企業相當重視從內部創新、從外部協助媒合新創或專家的開放式創新（Open Innovation），而500 Global在這中間也扮演了相當重要的角色。以日本的三菱集團為例，因為國內的市場發展相對緩慢，希望尋求國外成長中的商業機會，考量國際文化的差異，因此決定透過500 Global協助，尋求與國外新創共同合作的機會。不僅如此，500 Global也協助威士（Visa）新加坡創新中心，在既有的客戶基礎下，透過與新創企業合作，

共創新產品，開創新商機。

走向國際前，必須先了解自己需要的是什麼

鄭同認為，台灣許多新創都希望進軍美國市場，台灣擁有相當的技術能力，但是在通路與客戶端相對弱勢，競爭也相對激烈。相較之下，日本、韓國、東南亞等市場不但成長快速，在時區上較相近，較好管理，進入市場的策略將會相對簡單。此外，這些國家的中產階級正快速成長，代表消費者端（B2C）的商業機會也會越來越大。

鄭同表示，新創走進國際市場更要注意的是，是否真的清楚自己需要什麼樣的資源，該市場是否真的能提供？鄭同建議，最好親自走訪當地、接觸當地的網絡或創業家，才能知道自己可以在這個市場中得到什麼。

新創企業簡報必注意的六T

最後，鄭同也提到新創團隊在簡報的時候，應該注意的六點事項：

1. 團隊（Team）：團隊有沒有足夠的見識、毅力和經驗；
2. 潛在市場範圍（Total Addressable Market, TAM）：團隊對市場的衝擊；
3. 技術（Technology）：是否有什麼獨特的技術；

4. 趨勢（Trend）：是否跟上市場趨勢；

5. 目前狀況（Traction）；

6. 條件（Terms）。

目前 500 Global 在亞太地區共有三個計畫，分別是舊金山的「種子計畫」（Seed Program），與神戶市合作、以醫療健康對抗疫情為主的「500 Kobe」，以及帶領全球各地的新創公司去新加坡發展的「新加坡 Lounge」，協助台灣新創走向國際，對接國際資源。

═ IC 筆記／詹益鑑 ═

我跟 Thomas 相識於 2019 年初，當時我仍然在創服育成中心負責台灣生技產業新創的生態系推動與國際連結，後來又擔任 Startup Genome 台灣區生態系大使，我們時常交流台灣與東南亞各國的新創生態系差異，還有如何參考 500 Global 在各國與政府或企業合作的模式，建立在地化的人才、資金與新創企業的連結。

等我來到矽谷，並在 2020 年 7 月成為 500 Global 創業導師群的第一位台籍創業導師，我才發現 500 Global 除了有遍布全球的加速器計畫跟在地基金，創業導師的背景與國籍也非常多元，在跟 Thomas 訪談後，更加深了我對於這個機構為何能快速擴展的理解，以及從它們的角度，如何看待台

灣的新創團隊與生態系。

　　本書出版前，Thomas已經離開500 Global一陣子，並加入新加坡的新創企業，發揮他的商業發展能力，以及之前與各國產官學連結的經驗與人脈。除了感謝他幾年來的友誼，更祝福他在東南亞的發展，我們未來有機會一定會再邀請他分享！

訪談連結：https://open.firstory.me/story/ckjmoxa35n0le0893u9obai44

16

你一定要知道的群眾募資成功祕訣和挑戰

專訪 Kristine Chuang／Indiegogo 產品行銷經理

　　根據 Mordor Intelligence 的調查報告顯示，群眾募資的市場預計將在 2021 至 2026 年間，擁有超過 16% 的複合年成長率。而獲選 2021 年國際最佳七大群眾募資平台之一的 Indiegogo，其產品行銷經理 Kristine Chuang 表示，現在不僅缺乏資金、資源的新創或個人會加入群眾募資的行列，有些擁有豐沛經驗跟資源的大企業，也會把群眾募資視為測試真實市場的重要管道之一，讓群眾募資的呈現更加多元。擁有許多跨國案例的 Indiegogo 在推動台灣的案件上更是不遺餘力，對於擁有硬實力的台灣團隊，如果想要與國際接軌、發展軟實力，都能在 Indeigogo 找到最適合的幫助。

　　2016 年進入 Indiegogo 擔任平台行銷的 Kristine 表示，群眾募資是以募資為號召，將群眾與公司連結在一起的商業模式。公司

或個人，主要透過網際網路展示、宣傳其計畫內容、設計與創意核心，透過募集資金，讓這件作品、計畫量產或實現。擁有美國伊利諾大學香檳分校（University of Illinois, Urbana-Champaign）廣告學碩士學位的Kristine，一開始主要負責用戶成長與培養、增加黏著度等平台行銷任務，在2020年成為首位內轉的產品行銷經理，與產品經理合作，創造更佳的用戶體驗。Kristine表示，以軟體公司來說，產品體驗跟開發是用戶成長的核心，自己能從用戶成長到用戶體驗優化一路參與，是相當難得的機會與挑戰。

大企業以募資平台接觸最真實的第一批客戶

過去參與群眾募資，多為缺乏資金，但卻具有好點子的新創或個人。但是，這三到五年間，許多像是飛利浦（Philips）、奇異（General Electric, GE）、Boss等擁有豐富資源的大公司，也積極參與群眾募資。這些大企業將募資平台當成測試新產品的新機會，並可以在這裡找到第一群產品支持者。

許多大企業會透過包括焦點團體、問卷調查等方式進行產品上市前的研究，但群眾募資提供了可以直接面對群眾的機會。企業在平台推出產品後，支持者必須真正掏出現金支持，企業在平台得到的數據、消費者與產品回饋都是最真實的，不但可以加速產品開發流程，更能減少不必要的成本。

根據Indiegogo的資料，目前支持者可以主要分為三類，分別為：

1. 非常喜歡研究與發掘新創意、新想法的支持者；
2. 真心喜歡這些商品的支持者，希望以早鳥的角色取得折扣並第一批拿到產品；
3. 專案發起者的家人與朋友。

群眾募資平台跟電商平台不同，這裡聚集著一群喜歡新科技與新創意的人，黏著度、財力、意見都與一般消費者有很大的不同，如同小型創投，相當具有獨特性。

群眾募資也是行銷專案的一種，爭取目標對象的關注相當重要

跟所有電商平台一樣，群眾募資平台上的案件眾多，競爭激烈，Kristine表示，廣義來說，群眾募資也是行銷專案的一種，爭取目標對象的關注相當重要。這包含專案本身的創意、說故事的能力、文案、設計等都需要有一定的策略與包裝，Indiegogo本身也有團隊與線上教學影片，幫助沒有經驗的團隊達成任務。

Kristine表示，許多項目都會在第一個專案成功之後，繼續回到Indiegogo進行第二個專案的募資，除了平台本來就擁有其主要目標對象，不少在Indiegogo上成功募資的專案，在專案結束後，也會上架到包含亞馬遜等多元平台。

以PAMU這個耳機品牌為例，已經在平台推出第三代產品，每一代產品都可以在平台裡得到新的回饋與消費者的願望清單，讓品牌繼續精進，推出下一代更符合需求的產品。

透過資訊透明化幫助支持者做更好的決策

許多在Indiegogo上架的專案都位於早期階段，平台對於如何保障支持者、維持平台秩序相當重視。對於許多急速竄起的類別與項目——譬如疫情期間有許多殺菌、防病毒產品推出——公司「信任與安全團隊」（Trust & Safety）便會主動制定規則，避免標榜不實抗菌功能，以保護支持者的權益。

「資訊透明化，平鋪直敘地設定期待」，是Indiegogo保護支持者與創業家的最佳方式。以硬體為主的產品，平台會直接在專案頁面上清楚標示該專案目前的階段，例如：發想、原型、製造或可出貨階段，讓支持者了解支持項目後，所需承受的風險。結帳畫面部分，平台也在流程中提醒支持者，群眾募資並非購物。另外，在募資專案結束前，支持者有權力無條件取消支持，並取回款項。然而，募資專案一旦結束，這個決定權就在募資方，由募資方負責跟支持者溝通並且運用籌集的資金。剛開始，有些募資方對專案頁面上直接顯示的警示標語有疑慮，但Indiegogo相信，資訊透明的平台會增加消費者的信任感，信任感最終也將回饋至募資方。平台、募資方、支持者，三方互相溝通且信任，才能打造永續的正向用戶體驗。

群眾募資的發展趨勢

Kristine表示，群眾募資有幾個發展中的趨勢，包括：

1. 疫情期間，包括腳踏車、滑板車與可攜式的行動電源等眾多產品都比過去表現得更好。
2. 這幾年，群眾募資的單筆金額有越來越高的趨勢，像是腳踏車一台就要價2,000、3,000美元，這也是Indiegogo需要保持透明度與不斷優化客戶體驗的重要原因之一。
3. 目前Indiegogo支援兩百多個國家的案子，從中發現，跨國交易占50%以上，展現出群眾募資的全球化。

台灣與美國的群眾募資專案大不同

台灣與美國的群眾募資專案有很大的不同。台灣除了硬體及科技類專案表現出色之外，也有很多專注於議題、文創、設計等與本土連結度高的專案。歐美群眾募資以可以全球化的產品為主。台灣的團隊都有很強的硬實力，但是如果想走國際市場，包括語言、文化等行銷全球的軟實力則較為缺乏。近幾年，Indiegogo率先提供一條龍的服務，從前期策略規劃到包括物流等幫助，透過完整的生態鏈與可信任的合作夥伴，協助台灣團隊展現好成績。

在Indiegogo這麼多年的Kristine，對這份工作的熱情絲毫不減，她說，到公司的第一週，執行長就對她說，說到底，公司其實就是一群人擁有一個目標、一起努力。Kristine說，團隊小加上同事間向心力很強，公司內部很強調創新，每天都有不同的新挑戰、新創意，非常有趣。

不僅工作挑戰性高，Indeigogo更將員工照顧得無微不至，

Kristine笑說：「我們公司很像『邪教』，很知道員工想要什麼。」譬如居家辦公期間，會時常寄貼心小物給員工，每週更會有線上的快樂時光（Happy Hour）。員工也會主動發起一些相當有趣的活動。此外，這幾年更是提供心理諮商，甚至是生育及人工生殖補助，非常照顧員工。這也展示出為什麼不到一百人的Indiegogo團隊，竟然可以完成平台上如此多元豐富的各種專案。

　　Kristine表示，Indiegogo團隊對於台灣專案都具有相當熱情，也提供更多支持，歡迎更多具有創意的台灣好點子一起加入。

＝ IC 筆記／詹益鑑 ＝

　　跟Kristine的緣分有點奇妙，回想一下才驚覺我們居然已經認識將近八年。2014年在美國研究所剛畢業的她，跟我在Facebook上交流創業與產業相關的觀點，加上2015至2019年幾次造訪舊金山時的會面，讓我對這位在工作與生活上都充滿正面能量的大女孩有很好的印象。

　　因為我在2014至2015年曾經研究物聯網新創生態系，對於大量依賴群眾募資平台的硬體新創，在數位行銷與產品開發上所遇到的問題有深刻觀察，所以後來我也持續關注美國幾個群眾募資平台的發展，自己也常被國內外群眾募資平台上的商品給燒到。即便已經從投資人、創業者跟消費者的角度來觀察，但還是不如募資平台方擁有最多的數據與洞

見。這集訪談，對於想要透過平台募資的創業者，或者身為消費者去觀察群眾募資平台的特點，都有很實用的建議，我自己也受益良多。

訪談連結：https://open.firstory.me/story/ckjmoxa42n0lw0893hugzffix

17

全球宅經濟大爆發，心元資本新創投資心法大公開

專訪成之璇／心元資本執行合夥人

　　成之璇（Tina），畢業於台灣政治大學廣告系以及美國加州大學洛杉磯分校（UCLA）商學管理研究所，是成立於2014年的心元資本的第一位全職員工，也是基金的執行合夥人。心元資本是一家專注於投資早期新創的創投公司，目前投資版圖主要分布在亞洲和美國，共投資了一百多家新創。知名投資案例包括：設計師電商平台Pinkoi、91APP、物流新創獨角獸Flexport、線上課程平台「Hahow好學校」、雲端服務愛卡拉（iKala），以及最近熱門的冥想App「Calm」、遠距醫療服務Hims等。過去任職於美國雅虎的經驗，讓成之璇看到矽谷創業的多元性，更開啟她從廣告行銷轉入創投產業的契機。成之璇指出，心元的投資心法在於「團隊與人才」、「趨勢所著重的未來市場是否夠大」。

　　成之璇指出，由於心元投資著重於天使與種子期的新創，

為A輪前的投資，金額約在50萬至100萬美元，主要以相對輕資產、投資未來趨勢為主。目前投資範圍含括全球，並以北美和亞洲為主。這次疫情爆發並非在原來的預期中，但卻可以從心元投資的幾家新創，看到在疫情中崛起的幾個機會點。

1. 遠距學習表現亮眼

以台灣來看，由於線上教學的興盛，線上學習平台「Hahow好學校」有了極為亮眼的表現。而在美國，心元投資的線上家教平台Cambly，以及線上教學協作白板Padle等，在疫情期間用戶數及營收都大幅成長。

2. 心靈健康（Mental Health）產業在紛擾的現狀下特別突出

2021年對美國來說是非常紛擾的一年，包括疫情、大火與極端氣候、在家工作等突發事件，不論是個人、企業或政府，都對心靈健康的重視大為提升，過去以個人用戶為主的心靈健康App「Calm」，在疫情期間企業客戶的業績突飛猛進，譬如美國運通（American Express）就與Calm合作，成為提供會員的服務之一。

3. 遠距醫療的法規鬆綁與機會點

另一家備受矚目的公司Hims，是2021年1月剛在紐約證

交所（NYSE）以16億美元上市的遠距醫療保健公司，有別於傳統的首次公開發行，Hims僅用了約六個月的時間，透過SPAC完成上市。Hims是創辦人安德魯‧杜德姆（Andrew Dudum）的第二次創業，2013年他就創辦雲端相簿服務EverAI，拿到了不少知名創投的投資，心元資本也是投資人之一。

杜德姆在2017年再次找上鄭博仁（心元資本創始執行合夥人），提到在美國，三、四十歲男性對於禿頭、性功能障礙問題難以啟齒，過去需要到醫院領取處方籤，才能拿藥，程序繁瑣，使得許多男性用戶只好忽視這類問題。由於遠距醫療法規的鬆綁，讓杜德姆決定提供更好的使用者體驗，讓用戶可以更方便地找到線上醫師，諮詢這方面的問題，並透過訂閱制直接將藥送到用戶手中。

Hims從2018年起，提供有禿頭、性功能問題的消費者線上醫療諮詢、開立處方籤、直接線上領藥的友善體驗，業績在第一週就明顯成長。杜德姆更率先提供了以定期定額方式，開放給消費者更換商品，直到找到適合的配方。透過這項獲利模式，替公司帶來穩健的金流及顧客消費數據，事實上，Hims有90%的盈收，來自於超過25萬訂閱者的經常性收入。

面對疫情，Hims也利用既有的架構快速因應，推出新冠

肺炎快篩與心理醫師諮詢等心靈健康解決方案，更在疫情下逆勢上市，再再證明機會是留給準備好的人。

4. 機器手臂與機器人

在疫情、人力縮減與戶外天氣變異的影響下，過去需要依靠人力的工作，現在可以利用機器手臂進行蔬菜耕種，用機器人在零售店裡進行貨架上貨品確認、缺貨盤點、上架、維持通道暢通等，解決目前人力短缺的問題，這些都是未來趨勢，也是心元投資的重點。

5. 保險遠距業務推廣

在疫情的影響下，保險的需求雖然大增，但是無法與客戶接觸，成為業務最後一哩路的阻礙，心元投資的 iLife 推出一站式下單服務，目前已在美國正式上線並獲得保險公司、業務員、用戶高度青睞。

6. 線上社交

美國新創 Lunchclub 是藉由 AI 技術將用戶配對，幫助用戶建立專業人際連結的社交平台，在疫情期間也看到明顯的成長。原以為遠距工作會降低社交的需求，沒想到，用戶因為出門時間減少，反而更積極透過線上配對方式尋找生

意夥伴、拓展專業人脈，讓Lunchclub的全球用戶在疫情期間大幅成長。

心元資本的關鍵投資哲學

面對眾多的投資選擇，成之璇歸納出心元資本的三個關鍵投資哲學。

1. 團隊與人才

心元專注於早期投資，許多公司的產品都還沒有出現，所以團隊與人才是決定投資與否的重要關鍵之一。以Hims為例，過去因為與杜德姆有第一次創業的合作經驗，因此，對於他的第二次創業就更有信心。此外，像是強而有力的推薦或者創投熟悉人脈的介紹，都是選擇投資與否的重要第一步。

2. 連續創業家

心元很在乎這個創業者在創業之前做些什麼，如果之前已經有創業經驗，絕對會加分。若之前沒有相關經驗，心元也需要了解其人格特質。在創業的過程中會遇到許多困難與瓶頸，心元需要深入了解創辦人將如何面對投資人與共同創辦人，以及他解決各層面問題的能力。

3. 趨勢的未來市場夠大

　　心元投資的是未來趨勢，雖然可能不一定在這一、兩年馬
上發生，但是這個趨勢的發展將是持久，且市場夠大的。
心元在疫情之前就投資Calm，當時並不知道將有疫情發
生。但心元發現，全球對於社群媒體、電子產品的高度依
賴與焦慮，對於心靈健康的需求只會不斷攀升，果然，在
疫情的影響下，驗證其爆發性的成長。

台灣需要自立自強，建立自己的成功故事

　　成之璇表示，矽谷的確是創業最佳的聚集地，台灣擁有極佳
的產品力，但台灣要獲得資本投資，就需要足夠的成功案例，知
道如何走出台灣，面對國際市場。台灣的資本市場比起十年前已
有顯著的進步，但是整個新創軟體生態系統（Startup Ecosystem）
還是相對封閉，並不在國際主流投資人的雷達中。以美國為例，
具有人才、資本的優勢，在強烈的競爭下快速成長，目前台灣自
己還沒有培養出足夠多的軟體巨頭，導致人才與生態系的培育速
度緩慢，的確是需要急起直追的地方。

　　這次因為疫情，很多以前在國外的人才都回到台灣，成之璇
笑著說，很多人問她，要如何幫助台灣。但是，其實台灣不需要
外人的幫助，而是需要自立自強，建立出自己的成功故事，這樣
將會吸引更多人才與資金共同加入這個市場，與台灣的新創團隊
共勉之。

═ IC 筆記／詹益鑑 ═

與Tina認識將近八年，同樣在台灣投資早期新創，心元資本是少數布局美國、中國與台灣的早期階段基金，並且在近期大有斬獲，每年都有獨角獸出場。這對於多數都以在地市場跟新創生態系為主要投資範圍的創投基金來說，是很難得的成就。即便是全球最優秀的幾個創投基金與加速器，多半都是在地的合夥人與團隊投資當地的新創，矽谷有些創投更是以只投資灣區範圍五十英里內新創而著稱。

除了範圍橫跨最大的兩個獨角獸市場——美國與中國——之外，心元資本最厲害的就是非常高的人力資源效率，一隻手就能數得完的合夥人與團隊人數，即便在從業人數原來就不多的創投產業，相較於所產生的高投資績效與獨角獸數量，心元資本都顯得非常卓越，本身就可以被視為創投界的獨角獸。

除了選擇高成長的賽道、看重團隊的組成之外，我對於心元投資哲學當中，「有失敗經驗並學到教訓的創業者」這一點，格外有感。台灣要能培養出更多的獨角獸，除了人才與資金的國際化，更重要的是，要有更多有經驗的創業者與投資人加入賽局。很期待心元繼續給台灣資本市場與新創生態系帶來正面的影響，見到更多橫跨台灣與矽谷的團隊能成為獨角獸！

訪談連結：https://open.firstory.me/story/ckjmoxa49n0m00893njqriq5b

18

新創公司募資攻略：投資人與創投在想什麼？

專訪陳泰谷／Fansi 共同創辦人暨執行長

　　新創初期最常遇到的問題是如何找到資金挹注。創投界的明星，同時也是Fansi共同創辦人暨執行長的陳泰谷先生（TK），以投資橫跨台灣、中國、美國等國的多年經驗指出，台灣的投資環境其實沒有什麼改變，但可以看到越來越多的天使投資機會。許多新創覺得募資困難，最主要是因為階段不對。如果你需要的是天使投資人，但卻太早去找創投，創投真的難以評估，自然造就較高的失敗率。

　　那什麼時間點找天使投資人、什麼時間點找創投呢？陳泰谷指出，天使投資人願意在團隊只有想法，甚至只有原型時進行投資，屬於早期的投資。創投的邏輯則完全不同，找創投的時間點，最好是團隊已經驗證可行，需要為規模化之路加速前進時。

天使投資人最重視的就是「人」

　　但是，如果天使輪的投資只有一個想法或原型，天使投資人如何評斷是否投資？陳泰谷說，天使投資人最重視的就是「人」。對這個人是否有信任感，這個人的人品、過去的經歷等，這是天使投資人決定是否賭賭看的一大關鍵。此外，有些天使投資人剛好手上有錢想要尋找投資標的，或想藉由投資了解新產業，這個時候，這個團隊是否有熱情、專業領域知識、自信等都相當重要。

　　談吐相當風趣的陳泰谷笑著說，熱情有多重要呢？之前在中國的加速器看團隊時，有一個團隊提出「隨傳隨到」的拉屎服務，只要按下 App 就會有師傅扛著廁所提供服務，這個想法雖然相當無厘頭，且無法成長為一樁生意，但重點是這個團隊在說明這個題目時雙眼發亮，相當有自信。陳泰谷說因為這個原因，他一度想要投資。這就是熱情與自信對天使投資人的吸引力。

　　台灣的投資人則比較常遇到心態的問題，包括不敢要錢、很害怕跟別人要錢、怕失敗讓投資人虧錢，這樣的氣勢就相對令投資方缺乏信任。此外，台灣的新創業者也常遇到跟風的迷思，看到其他創業團隊都有電商平台、大的辦公室等就想跟風，夢想太大，這也是常看到的心態問題。

新創一定需要募資嗎？

　　說到這裡，我們可以進一步探討，難道新創就一定需要募資

嗎？陳泰谷指出，其實許多新創團隊一開始並沒有募資，都是用自己的資金在創業，這其實也是創業團隊有沒有決心的一種表現。甚至，許多新創一開始就有現金收入，這樣的狀況更不需要募資。但是有些創業題目，像是生醫生技，或者尚處教育市場階段、燒流量的產業，的確需要資金挹注，此時就會產生募資的需求。

很多人會問，創投到底在想什麼？到底要如何得到創投的青睞？陳泰谷指出，其實創投手上握有的資金不一定是自己的，他也需要去向大企業和投資人遊說才能取得資金。而在取得資金的過程中，創投也常需要承諾三到五倍的投資報酬率。面對這樣的財務壓力，創投的想法很簡單，他在評估團隊時，當然希望這個團隊能帶給他十到二十倍的收益。

但是創投也有其困難，包括因為資金不是他的，所以其實創投也無法賺大錢，獲得最大投資收益的都是這些投資的大老闆。此外，要找到成功的案子真的不容易。成功的創投和創業者成功的比率基本上不相上下，所以當我們在思考創投的投資行為時，也要能夠理解其背後所承受的壓力。

信任關係需要及早且有毅力地建立

要取得天使輪或者創投的資金絕對不是一天就可以達成的。前文有提到，取得資金的條件中，除了創業題目、商品外，「人」更是關鍵，因此信任感的建立相當重要，然而，這種信任關係絕非一蹴可幾。陳泰谷建議創業者需要及早做好人脈網絡的

準備，若等到需要資金的時候才開始，通常都來不及了。

陳泰谷舉了一個很不錯的辦法，當創業者在某個場合與潛在投資者交換名片後，可以詢問是否能寄公司的週報或月報給他，對方答應後就一定要持續且固定地更新。這聽起來很簡單，但卻是毅力與信任感的展現。

不僅如此，創辦人過去的聲譽也是天使投資人與創投相當重視的，在投資前，創投都會做盡職調查（Due Diligence, DD），對象包括創辦人過去的公司、合作夥伴、員工等，越到後期的投資階段，盡職調查就會越嚴謹。但是要特別提醒，創辦人不需要掩飾過去創業失敗的經驗，因為矽谷視失敗為創業的加分徽章。

除了天使投資人與創投，國家也是創業者募資的重要對象之一，以台灣的國發基金為例，相對重視新創業者解決問題的能力，在獲利的要求上不若創投嚴苛，這也是新創業者可以考慮的重要對象。

═══ KT筆記／謝凱婷 ═══

認識TK很多年了，他真的是一個斜槓到底的幽默創業家。多年前與他在矽谷相識，他那時是矽谷某家創投基金的合夥人，我們見面常聊到創業和投資的話題，他總是可以時而搞笑又時而嚴肅地闡述他的投資和創業心得。我還記得有一次他來矽谷拜訪我，很興奮地分享他創作了一首〈創業家饒舌歌〉，用詼諧的語句唱出許多創業家的心聲，在創業圈

裡有著超高的點閱和迴響呢。

在創業圈裡面，他還有個「創業甘道夫」的響叮噹名號，分享很多關於新創募資的專業資訊，造福很多正在募資階段尋找資金的創業團隊們。只有創業過的人才了解募資的艱辛，更能體會個中滋味、人情冷暖。謝謝TK總是毫不保留地分享他的創業血淚史，並且不斷提醒創業團隊們要謹慎思考創業的每一步，才能讓創業之路走得更為堅定，並充滿勇氣。

訪談連結：https://open.firstory.me/story/ckm3bfenr08w40915xl7kcld6

19

3+1的投資學：矽谷加速器500 Global 如何投資台灣？

專訪王邦愷／500 Global 管理合夥人

　　疫情趨緩之後，各國經濟逐漸露出曙光，新創投資圈對好的案子也是求之若渴。被私募股權（Private Equity）研究機構 Pitchbook 評為軟體領域加速器排名第一、世界頂級的加速器品牌 500 Global，在 2020 年宣布對台灣的加碼投資，由 500 Global 管理合夥人（Managing Partner）王邦愷（Tony Wang），正式把國際資金的觸角伸進台灣。王邦愷透過其對於全球投資新動向的關注，分享在台灣布局多年、與國發基金二次合作的 500 Global，對於台灣新創生態系與創業者的觀察與建議，王邦愷對於新創的諫言是：「企業不需要什麼都精通，但需要有一件事情做得特別好。」

　　王邦愷在高雄出生，四歲前往美國舊金山生活，在柏克萊、哈佛法學院獲得學位。王邦愷說，父母是第一代的移民，白手起

家在美國灣區成立了四家餐館，身為創業者的後代，也讓他從小就保有不斷挑戰的DNA。

王邦愷在2005年加入Google，是當年負責拓展中美與亞太地區業務的成員之一。在Google快速成長期，他選擇轉換跑道，至Twitter任職，當時的Twitter還不滿100人，一路做到全球合作與發展副總裁，王邦愷又再次選擇離開，轉戰生技公司Color Health。2019年，他正式加入500 Global擔任管理合夥人。

企業不需要什麼都精通，
但你需要有一件事情做得特別好

王邦愷說，從Google、Twitter等多個工作的學習，讓他體會到一個成功的不變法則：「企業不需要什麼都精通，但需要有一件事情做得特別好。」例如Google因為搜尋引擎的優勢，讓其成為足以擁有發展出各種不同商業模式的科技巨擘。王邦愷指出，過去因為法律的背景，讓他與許多創業家擁有緊密的合作關係與充沛的人脈。他發現，每個產業帶動成長的模式各異，且美國之外的國家有越來越多獨角獸出現。

2018年的夏天，王邦愷回到台灣，巧遇早年在Google的同事、後來成為500 Global共同創辦人暨執行長的蔡成美（Christine Tsai），談到500 Global希望採取與一般創投不同的策略，不只聚焦美國市場，更透過多元化的投資組合，投資來自多種族群背景、來自不同國家的創辦人。此外，更決定將觸角擴展至新興國家的新創公司，在全球化的同時更專注於在地化。由於

雙方的想法很接近，王邦愷因而決定一腳踏入 500 Global 這個截然不同的產業圈。

全球化與在地化並進：
創辦人是否擁有「3+1」的特質，是投資關鍵

王邦愷指出，500 Global 的投資主要瞄準軟體領域的新創，軟體產業的資本效益高、沉沒成本不大，容易進入國際市場，因此，在台灣也鎖定以台灣的軟體公司為主。在全球化考量下，500 Global 也相當重視在地化，包括日、韓、台灣都有在地團隊，透過紮根策略與當地的生態圈進行強烈連結。

王邦愷表示，每年在加州都有六、七十個投資案，而台灣相當具有潛力。500 Global 如何篩選新創團隊呢？王邦愷表示，創辦人是否擁有「3+1」的特質相當重要：

1. 必須擁有強勢的才能，不論是技術或者過去的經驗；
2. 必須要有建構團隊的能力；
3. 要擁有適應力強且堅持的心態。

而「+1」則是資本效率與速度。許多大型企業，像是阿里巴巴、Google 等公司，在企業成長後缺乏的就是速度，但這是新創團隊的優勢，「一定要有執行的速度，犯錯也沒關係，犯錯本來就是正常的，但重點是要有快速更正的能力，」王邦愷表示。

　　即使現在許多國際創投都已經進入亞洲市場，但回想當初500 Global進入日本、韓國與東南亞等地區時，許多人都說500 Global來得太早。如同現在，500 Global前進台灣投資軟體，大家還是說太早了。

台灣是個很特別的市場

　　王邦愷說，台灣的狀況很特別，不像中國或美國擁有數億人口的市場，也不像新加坡或以色列那樣不具國內市場，創業者在第一天就需要思考國際化的策略。台灣擁有兩千三百萬人的市場規模，許多新創在台灣市場就可以擁有不錯的成績，但我們仍然希望這些新創可以透過500 Global全球的網絡，創造出更令人驚豔的成果。

　　台灣有許多科技人才，500 Global將透過其力量，在公司創立、通路、商業開發與產品研發等領域，致力協助，讓台灣新創立足台灣、放眼全球。

=== IC筆記／詹益鑑 ===

　　不論是從創業者或投資人的角度，Tony都具有非常完整的資歷與強大的說服力。不說名校學歷與跨國背景，光是在三家高成長的科技與生技公司，有市場開發、談判運籌與管理團隊的經驗，就足以說明他的專長不僅是法律，還包括

業務、行銷、管理、策略合作與營運。這些都是技術背景的創辦人最常欠缺的能力與經驗，也就是説，Tony可以繼續在科技產業甚至很多隻獨角獸尋求一份穩定成長的工作。但出於對新創事業的熱愛，以及希望把500 Global的投資能力帶進亞洲，尤其是他時常往返的台灣，因此加入當時有些擴張過快且人事迅速更迭的500。

以三年為期的成績來看，Tony的背景與營運專長在協助500募得第五個創投基金後，有了顯著的發揮空間與成效。這段期間他花了很多時間停留在台灣，不只建立了在台灣的投資團隊，也開始跟在地的新創生態系與投資人有更深入的互動。以500在矽谷與全球的影響力，將會有更多值得期待的可能性。

由於Tony覺得用英文回答比較順暢，這一集的訪談算是我第一次嘗試全程以中英雙語提問，並將受訪者的回答即席口譯，若想聽原汁原味的矽谷口音，歡迎掃碼收聽。

訪談連結：https://open.firstory.me/story/ckqtfrkd809gk0976o46o3z1j

20

募資最常踩的九大地雷

專訪詹益鑑／台灣全球天使投資俱樂部創辦人、
謝凱婷／矽谷影響力基金會執行長

　　募資，正是創業者在創業路上，找尋能陪走一段路的夥伴。從開始的陌生接觸到深入了解，從早期磨合到後來的相互扶持，就像每一對親密關係的經營一樣，有許多需要注意的細節。一個對的投資人，能帶來的不僅是金錢上的挹注，也能帶來正向人脈的傳承、資源共享，讓公司營運更加順利；如果找了錯的投資者，輕則深陷法律糾紛，重則失去商譽和名聲。一直為多元投資方的詹益鑑（IC）和創業家謝凱婷（KT）從他們過去的經驗出發，分享募資時創業家最應該避開的九大地雷。

1. 目標明確，知道自己為什麼需要資金

　　詹益鑑表示，過去自己最害怕遇到對於公司所需資金與時程不明確的創業者，如果連自己的需求都不清楚，更遑論

之後的執行力。因此，明確了解為什麼公司在這個時間點需要資金挹注，以及資金需求的金額目標，是創業者在決定找尋投資人時需要注意的第一事項。

2. 是否掌握募資時機點

創投產業發展至今約六、七十年，在過去遇到不少次經濟循環。以這次新冠疫情為例，即使有些產業趁勢而起，仍有許多新創面臨募資困難，例如旅遊業，或是因為位於早期投資階段卻無法與投資人見面的其他公司。不管是這次的疫情，或之前的網路泡沫、金融海嘯等，都證明掌握募資時機相當重要。如果真的遇到景氣危機，創業者也需要考量，是否藉由彈性轉型以度過危機，重新開始。

而通常在募資之後，公司處於兵強馬壯、正在成長曲線的風頭上，就應該準備下一輪的募資行動。因為擁有亮麗的表現，更能獲得投資人的青睞與追捧，藉此得到好的投資機會。

3. 找到適合的投資人比找工作還難，事前一定要準備

創投進場當然希望獲利，而創業者則希望百般尋覓的創投可以陪其一起進場、出場。創業者希望的創投人，絕對是可以陪公司在一起至少十年的合作夥伴。詹益鑑指出，因

此創投與創業者的交流過程，通常不會只是開會，他們以前也會透過打球、聚會等團體活動的方式，透過觀察、互動，了解創業團隊的合作過程，而這是視訊很難做到的事情。

創業家謝凱婷則認為，創業者在尋找創投時，需要先了解每個創投投資的階段與領域，也可以與其他獲投的新創業者交流，間接了解各家創投的評價。

不僅如此，因為新創公司的發展市場不同，也會找到不同的創投業者。許多中大型的創投或加速器都具有全球布局，創業者需要思考，以當地的創投為主，全球總部為輔等策略布局，方能找到最適合的合作夥伴。

4. 募資簡報要有版本管理

全球各地都有各種募資簡報的機會，包括新創團隊在做什麼、解決什麼痛點、獨特的技術門檻、團隊、財務規劃、風險評估等，是許多簡報都會涵蓋的重要內容。詹益鑑指出，募資簡報是創投獲取公司資訊的重要媒介，相當重要的是，有些資料可以選擇不說，但絕對不能造假。而且所有團隊一定要有募資簡報「版本管理」的觀念，第一次用的、三十分鐘用的、一個小時用的……各種版本都需要有所不同，切忌一個版本走天下，加上簡報容易外流，需

要加註保密字眼。

謝凱婷補充說明，在募資的過程中，一定會先了解接觸創投的喜好，進而準備不同的簡報資訊，以強化創投對於創業團隊的印象與了解。

5. 估值判定

估值的判定會因為國家的不同而異，但通常會考量到市場規模、公司的管理獲利能力、未來規模化成長的空間，與其現金流等生存與擴張資源的財務狀況。通常越後期的投資，前三年的業績表現與產業數據就越重要。然而估值的波動性很大，市場好與不好時面臨的估值可能就有所不同。創業者應該不要盲目地追求估值，重要的是你們營運成長是否能跟得上估值。

6. 股權結構

歐美的法律都有股權影響決策的明確規範，而股權之於創投與創業者，主要在於獲利的分配與公司的控制。公司創始團隊常保有較高比例的股權，而對於投資人來說主要是保障其獲利。通常建議早期如 A 與 Pre-A 輪的釋出股份不超過15%，以免增加後續募資的困難度。

7. 公司結構

在專業投資人加入後，由其建議是否需要建立境外公司的公司架構。

8. 投資意向書

投資意向書（Termsheet）雖然不具法律效益，但是建議公司還是需要尋求專業的律師與會計師，針對股權結構等內容進行評估。

9. 如何維持與投資人的好關係，讓投資人知道他關心的事情

投資人對新創來說是夥伴，雖然主要決策者還是創業團隊，但是許多公司在重大決定上，還是會告知董事會。謝凱婷表示，創業時會固定每季提供營運報表給董事會，也是讓投資者放心經營的重要關鍵。

創業團隊除了專心於開發產品，對募資過程更必須有所了解。在募資的過程中，絕對不要吝於尋求多家專業律師與會計師的協助，詹益鑑提醒，不是大型的事務所就一定好，許多小型且有專精的律師或會計師事務所，更能彈性、全面地協助許多新創團隊。募資的過程不簡單，對於過程的完整了解，將成為致勝的關鍵。

═ KT 筆記╱謝凱婷 ═

　　創業是很艱辛又孤獨的一條路，從創業初期的滿腔熱血，開始面對公司成長的壓力，如市場定位、商業模式、團隊管理和募資過程，每一步路都是如履薄冰、膽戰心驚。我覺得每一位創業者都是很偉大的，要離開舒適圈，獨自面對未來並勇敢承擔，就算成功的機會只有1%，也會努力嘗試再嘗試。尤其公司的現金流往往是決定公司是否能生存下來的關鍵。除了現金流之外，募資能力也是創業者必須學習的戰鬥技能。

　　我和IC常常在節目中聊到創業的種種，對於募資的過程，我們特別有感觸。我想起創業時，曾經向超過一百家的創投做簡報，很難忘記那種在很冷的冬天或炙熱的夏天裡，自己拖著行李箱和電腦，趕著每場投資人會面簡報，常常是早上五點起床準備資料，在外東奔西跑一整天後拖著疲累的身軀回到旅館，繼續為明天的會議做準備。募資的過程很辛苦，會受到很多投資人的挑戰和質疑，要怎麼有效率又精準地讓投資人了解自己公司的優點和未來性，是很重要的課題。

　　我們在這集裡，整理出創業家一定要了解的募資重點，希望能幫助正在創業的朋友們，也希望每一位創業者在募資過程裡能謹慎評估每一步，找到真正對自己有幫助的投資人，並且避開募資地雷區，讓自己在募資的過程裡越挫越

勇，最終能開出美麗又繁盛的花朵。

訪談連結：https://open.firstory.me/story/ckshgoqie4kch0804xhlkp4xu

21

從數據工程師到矽谷天使投資人之路

專訪陳理查／Iterative Venture 創辦人

Iterative Venture 是創立於矽谷的天使俱樂部，專注於高成長潛力的新創早期投資，其成員皆以 Facebook 員工與朋友為主。但你可能不知道的是，這家公司的創辦人是來自台灣、畢業於加州大學洛杉磯分校的陳理查（Richard）。陳理查在加州取得學士學位，從在埃森哲（Accenture）資訊顧問公司擔任專案顧問，歷經軟體開發到數據科學、機器學習等多元領域，加上於 Facebook、Snap、Zipongo 擔任數據工程師，後端工程師的豐富工作經驗，開啟他創立天使投資機構 Iterative Venture 的契機。「深覺自身不足，積極學習」是陳理查在不斷轉變過程中一致的態度，讓我們來看看陳理查從工程師到矽谷天使投資人之路。

陳理查指出，自己從溫哥華到加州大學洛杉磯分校求學，畢業後便留在矽谷工作。本來在埃森哲擔任專案顧問的陳理查，在當時處理 eBay 專案時看到數據的重要性，開啟其進一步進入企業深度鑽研的想法。過去幾個工作，不管是軟體開發、數據工

程，陳理查都覺得自己的技術仍然有很大的學習空間，這也成為驅動他不斷前進的動力。

Facebook重視創意、執行力，更重視主管是否能幫員工達成目標

在Facebook擔任數據工程師長達五年的陳理查說，Facebook的工作文化強調「開放」（Be Open），希望團隊著重在發揮創意。讓他印象深刻的是，Facebook的主管責任不在於管人，而是協助團隊或個人達成想要達到的目標，因此，在這個過程中有很多可以討論的空間。Facebook更是相當重視執行力的公司，這對陳理查來說，是一項很重要的學習。公司強調速度，所以很多事情要求不是空談，先做出來，就算只是個簡單的模型也好，團隊才可以針對這個模型進行更具體的討論。這些企業文化都對陳理查產生極大的影響。

陳理查指出，除了工作，他本來就透過鑽研投資，擴展自己學習的領域，這也是他創立Iterative Venture的重要推動力。Iterative Venture以現任與過去的Facebook員工為主要成員，以創始人、投資者和顧問的身分支持並投資新創。陳理查說，Iterative Venture除了給予資金的支持，更重要的是善用團隊豐富的工作經驗，提供新創在營運上的諮詢及建議。

陳理查表示，透過Iterative Venture的確大幅擴展自己的人脈，並學習到許多天使投資的知識與機會。Iterative Venture是個聯合投資（Syndicates）的組織型態，當案子進來時，社群就會

討論是否適合，若確定投資時，便會以正式的信函邀請組織成員來投資。

Iterative Venture如何決定投資標的？

陳理查說，在我們的投資程序中，我們會問自己這樣的問題：這家公司是否能夠圍繞其核心產品建立護城河、它是否能夠在五年內成功規模化為一家市值100億美元的公司，以及我們是否相信創始人能夠成功？此外，我們也會向合作的創投夥伴〔包括a16z、紅杉資本（Sequoia Capital）和Bessemer等〕驗證前述問題，並透過與我們的社群一起使用產品或驗證服務來對公司進行盡職調查。最後，我們關注獲投新創的最新趨勢和原因，例如，由於NFT等各種創新的投資能量增強，我們會持續對Web3公司進行更多投資。

＝ＩＣ筆記／詹益鑑 ＝

在矽谷有個獨特的現象，就是有一群特別年輕的天使投資人。相較於這世界上多數地方的天使投資人多半是事業有成的企業主或是已有被動收入、財務自由的高階主管，矽谷由於創業與投資的機會都特別多，加上科技公司經常有人離職創業或被新創公司挖角，因此許多人除了正職之外也都有第二個甚至第三個身分，這些所謂的斜槓（Side Project，

指自己想做的專案）可能是顧問、兼職專案或者天使投資人。

　　兩次進出Facebook擔任工程師的Richard，就是這樣的典型。除了技術能力，他在過去幾年嘗試了好幾種投資方式並且有穩定收益。同時他也發現，透過Facebook的在職與離職同事群組，有機會組建一個天使投資社群，並且透過這個社群來擴大投資的案源管道與驗證能力。在逐漸熟悉天使投資的操作與社群經營後，他已經轉為全職投資人並籌設天使基金。這樣的模式除了在大型科技公司並不少見之外，許多加速器的創業者校友也陸續形成這種社群。台灣也逐漸有天使投資的風氣，值得推廣並跟矽谷的投資社群之間交流。

訪談連結：https://open.firstory.me/story/ckssy2jrs225d0919n35b8q9w

22

選對題目，台灣新創正處於天時地利人和的最佳階段

專訪簡立峰／前 Google 台灣董事總經理

　　台灣過去二十年幾乎沒有成功的新創上市公司，現在一千七百多家上市公司，都是二十年前的企業，而台灣這一個世代的公司，正在學習如何成功上市。隨著 2021 年 91APP 在台灣上市、沛星互動科技（Appier）在日本東京上市，因為這兩個獨角獸的帶領，讓台灣的國際能見度大增，許多國際資金開始關注台灣。台灣有相當優秀的年輕世代，現在正是走向國際、結合「天時、地利、人和」的最佳時機，前 Google 台灣董事總經理簡立峰博士在這次專訪中，為台灣新創產業打了一劑強心針。

　　「台灣新創現在募資的狀況相當不錯，91APP 及 Appier 兩隻獨角獸的上市有很大的幫助。獨角獸一向出現在大市場、新題目，台灣的確無法有太多，但絕對不能沒有，因為國際資金一直追逐著獨角獸。但是，台灣是不是需要更多獨角獸？這件事沒有

絕對，但選對題目相當重要，」曾經在時任行政院長賴清德主持的科技會報中，簡立峰提出台灣需要扶植獨角獸的看法。

軟硬整合是最好的題目，
數位經濟要有「台灣加一個市場」的概念

簡立峰認為軟硬整合是他最看好的題目，但新創團隊需要注意的是，運用數位經濟一定要有「台灣加一個市場」的概念。經濟學上說，五千萬人才足以支撐一個新創市場，台灣可以考慮與日本、東南亞的市場結合，最重要的是，在這個過程中也可以與世界人才共做、接軌。

簡立峰認為，台灣過去沉潛二十年，數位經濟其實並沒有這麼適合台灣，主因是，台灣沒有服務業基礎，並且以中文為主要溝通語言。數位經濟是一個贏者通吃的競爭，主要贏家都在美國、中國，連日本、歐洲國家都沒有明顯的競爭優勢。即便如此，現在很多台灣的新創卻持續往國外市場擴張，實屬不易。現在，我們更看到因為中美大戰回來的傳統產業進來幫忙，因為二代接班、年輕人更願意投資，這對台灣的新創來說，真的是好時機。

智慧醫療和網路都是台灣很好的題目

此外，在全球面臨疫情的這段時間，因為護國神山台積電與台灣的醫療品質，讓台灣站上信心度增加最快的時間點，更讓

資金面對於台灣有更多的信心。其實，台灣擁有三個世界級的公司，包括生產製造〔電子製造服務（Electronic Manufacturing Services, EMS）〕的鴻海、IC 設計的聯發科，與半導體產業的台積電，若能軟硬整合，將成為台灣極佳的題目。「我認為目前在軟硬整合上做得最好的就是聯發科，」簡立峰笑著說。但是簡立峰也觀察到，台灣的軟體發展目前多屬於服務業，處在微笑曲線另一個極端。若可以擺回到中間一點，與硬體找到交集，包括智慧醫療、網路等，都可以是很好的題目。

　　硬體與軟體產業的文化上的確有些不同，簡立峰說，當時延後一年退休，主要就是協助宏達電硬體與 Google 軟體文化的自主融合，這不是件簡單的事情，沒有誰對誰錯，但融合的結果能讓未來軟硬體產業都更好。

國外求學再現高峰，國家與企業推動人才國際化

　　台灣的六、七年級生，因為台灣的經濟起飛與國防役制度，出國留學的人數產生斷層。台灣的高等教育與經濟發展綁得很緊，但是我們可以發現，台灣高等教育的設計，主要師法美國教育系統，方向上，與台灣以硬體為主的經濟發展大相逕庭，加上廣設大學、取消留學考試，的確讓很多人才決定留在台灣，也降低了對國際市場的靈敏度。但隨著網路時代的興起，台灣年輕學子對矽谷充滿憧憬，願意再度出國求學。尤其在少子化的影響下，台灣家長盡力栽培孩子，也讓出國求學人數再度增加。

　　但是，除了家庭的推動，國家跟企業可以如何協助人才的國

際化？

　　簡立峰指出，這次新冠疫情在疫苗上的公私協力合作，就是一個很好的運作案例。在大部分國家，企業的力量是很大的。台灣政府雖然在國際上受限，但因為企業的能見度與影響力，創造了談判空間。的確，政治的干擾會讓企業運作遭遇困難，但是，企業沒有政府也不會成長。台灣因為台積電，讓半導體供應鏈全球化，間接創造台灣很多科技產業的全球化，包括國際人才在海外加入公司，或來到台灣，台灣 IC 與硬體產業供應鏈也與東南亞等國產生全球連結。

台灣新創的學習曲線過長
亟需有可以模仿、學習的對象

　　由於中國對美國的去中心化與資金的外流，讓許多區塊鏈的人才來到台灣，也是台灣軟硬結合的題目之一。簡立峰說，台灣目前有許多大題目，但是人才卻比較少，如果需要收斂得更快，就需要有更強的創業家，登高一呼，聚集所有人，譬如 Appier 就是一個很好的例子。

　　台灣的新創學習曲線過長，主要是因為台灣雖然有人才，有技術，但是卻沒有市場經驗，就時間成本來看，對台灣新創較為不利，若能引進矽谷連結與國外經驗，讓台灣團隊有模仿、學習的對象，將是很棒的機會。

　　簡立峰更建議可以成立半導體基金，如果台灣有團隊品牌的基金，可以透過投資全球半導體產業，不只投注資金，更重要的

是取得經驗。當全球有一千家公司被投資，台灣的新創就起來了。

　　現在對台灣新創是「天時、地利、人和」的最佳時代，中美資金分流已然確立，台灣的硬體成為兵家必爭之地，台灣新創絕對要好好運用這個優勢，與台灣硬體廠商合作，拉高軟體題目的重要性，下一個獨角獸的產生就指日可待。

═ IC 筆記／詹益鑑 ═

　　記得立峰老師在一次對話中提到，台灣工程師很會解題，但卻很缺乏命題的經驗。另一個關鍵數字是，台灣Google已經有超過兩千位工程師，也有不少專案經理，但真正決定全球產品規格或核心命題的產品主管，卻一位也沒有，所以選題一直是台灣創業者的關鍵弱項。能進入Google工作、接觸到以10億營收或一億使用者以上為目標的產品開發，已經是很難得的經驗，但如何走出一條面對大市場的新創路線，依然充滿挑戰。

　　此外，如同我在序文中提到，全球獨角獸已經破千家，但我們台灣還在打破鴨蛋的困境上（本文提到的兩家估值超過10億美元的新創，因為已經上市所以也不被認定為獨角獸），從新加坡、以色列甚至荷蘭、瑞士等國的經驗，我們可以發現獨角獸數量跟國家人口數量、與美國市場的熟悉程度沒有絕對關係，關鍵還是要找到自己的特色跟優勢。最後

則是除了培養創業者，培養投資與全球布局的能力也是非常重要的，因為那樣能更快找到策略夥伴與來自全球的資金、技術與人才，涵蓋研發、行銷、財務等面向。軟硬整合、數位醫療、智慧物聯網都將是台灣接下來的重要創新與投資方向。

訪談連結：https://open.firstory.me/story/cktk3nen73qqb0860eg1mknki

23

疫情下募資的挑戰與機會：區塊鏈新創取得國際資金的關鍵心法

專訪黃耀文／XREX 共同創辦人

　　由連續創業家黃耀文（Wayne）所創立的區塊鏈金融新創公司XREX，主要利用區塊鏈的技術，提供數位貨幣（Digital Currency）與法定貨幣的轉換服務，打開公平參與全球貿易的大門。即便面對全球疫情的衝擊、國內外資本布局相對複雜的時間點，XREX依舊在2021年7月完成1,700萬美元的Pre-A輪融資。由中華開發領投，其他投資人則橫跨美國、加拿大、德國、日本、新加坡等國，可以說是資本界的菁英戰隊。在變動的時代，許多台灣投資人對區塊鏈了解不深、新創團隊人力有限的限制下，黃耀文分享他成功募得國際資金的心法。

　　黃耀文指出，在疫情席捲全球之際，當時公司在Pre-A輪融資的挑戰的確不小，主要包括四個方面：

1. 事業運行的市場需求

由於 XREX 主要的應用市場為印度、非洲、東南亞等新興市場，需要取得包括新加坡、加拿大、歐洲、美國等地執照，因此需要國際投資者加入，但疫情的影響讓爭取國際資金困難重重。

2. 疫情限制國際旅遊

由於疫情的影響，預期可能長達兩年無法與國際投資者進行面對面的會議，因此，如何讓國際創投可以做好包括盡職調查等成為股東必須善盡的職責，就成為一大挑戰。

3. 不受歡迎的創業題目

很多投資人常跟我們說，創業做什麼都好，就是不要做跟數位貨幣或區塊鏈相關的主題。主因在於傳統創投對於數位貨幣與區塊鏈的了解有限，因此不願意輕易投資。

的確有一群對加密貨幣領域相當熟悉的投資人，但是他們有興趣的主題都集中在代幣。以 XREX 的創業題目來說，對象主要是上市公司、銀行，所以合規與取得執照相對重要，短期內都不會有發行代幣的規劃，因此這些專業的投資人也興趣缺缺。這讓 XREX 卡在中間，成為募資的挑戰。

4. 銀行、上市公司的信用背書

在XREX申請新加坡、加拿大、歐洲等地執照的過程中，
申請單位相當重視公司的投資者名單，若有上市公司或銀
行的投資，將大大提高公司的信用度。在台灣，許多投資
者對加密貨幣投以詐騙的眼光，是國內募資一個相當大的
瓶頸。

XREX募資的挑戰不小，在這個過程，黃耀文透過四個關鍵
方法，獲得資金與重要的投資團隊。

1. 把既有投資人當作募資團隊

為了讓外資安心，XREX團隊幫助台灣既有投資人更深入
了解公司，讓外資相信台灣投資人因為很懂XREX的題目
才進行投資。XREX努力讓投資人願意花更多時間在公司
身上，譬如萬豐資本是相當願意投入的投資者，不但對公
司的財報、營收、使用者數據分析、產業調研都了解得相
當透徹，也願意將資訊分享給其他投資人，讓更多投資人
了解公司的狀況。

XREX把這個模式也套用到其他投資人身上，讓他們成為
XREX的募資團隊之一。例如玉山銀行的投資就是來自於
萬豐資本的支持。創投團隊的時間都相當緊湊，XREX還

是會不斷努力利用各種機會舉辦董事會，確保既有投資人更了解公司的營運、願景與商業模式。

2. 讓這些很懂XREX的投資者進入董事會

這樣不但可以讓國際資金相信這間公司「有大人」，因為他們很懂公司，或者繼續加碼投資公司，這一切都會讓國際資金更具信任感。

3. 外部名聲管理

黃耀文指出，在第一次創業的重要學習是，公司外部名聲管理相當重要，新投資人會看既有投資者的表現。2020年，即使在疫情嚴峻的考驗下，XREX仍堅持開了九次董事會，透過這樣的方式讓投資人更加了解公司運作。新的投資者如果看到既有投資人的投入不深或對產業不了解，對於後續的投資會有較大的遲疑。

4. 說服四大會計師事務所進行稽核

XREX積極尋求會計師事務所的稽核，目前主要的會計師事務所為安侯建業（KPMG），除了財報、內稽、內控，包括反洗錢、實名認證等，XREX也請安侯建業做獨立之稽核，這樣的透明度也讓合作銀行對公司更有信心。

　　即使這次XREX在Pre-A輪融資獲得了很棒的成績，由中華開發領投，其他投資人則橫跨美、加、德、日、新等國，包含SBI Investment、Global Founders Capital、ThreeD Capital、玉山創投、精誠資訊、萬豐資本、Metaplanet Holdings、之初加速器、New Economy Ventures，以及Seraph Group。但是黃耀文指出，XREX仍面臨許多挑戰，包括：

1. 持續藉由合規建立核心門檻

　　合規在加密貨幣領域相當重要，也是XREX相當重要的核心門檻，但合規也的確會扼殺許多創新的機會，雖然短期來看可能會犧牲許多營收來源，但長期來看，相信絕對是競爭對手無法跨越的門檻。

　　由於團隊的特性，XREX也堅持相信合規、資訊安全都是團隊的強項與核心，這的確需要耐心與董事會達成共識，持續建立門檻。

2. 資深專業經理人持續加入

　　黃耀文指出，XREX在做的題目的確很貴，包括合規、人才取得都很花錢，譬如挖角曾於新加坡渣打銀行（Standard Chartered Singapore）擔任執行董事，也是渣打銀行數位銀行的創始成員蔡日宏（Christopher Chye）出

任新加坡營運總監。XREX雖然是新創公司，但黃耀文說：「我們都將自己視為專業經理人，就像美國NBA球員，只有專業才是核心。所以，如果有一天可以找到比自己更合適的執行長，我也會積極促成。」

在這個過程中，XREX求才若渴，黃耀文指出，金融新創的確是全球發展相當快速的產業，不但吸引大量資金，也吸引大量的年輕人才。現在團隊六十多人的XREX，擁有許多具有熱情及金融專業的年輕成員，但還是很需要從財務、人資到市場行銷等層面，極具經驗的管理階層一起加入。

台灣在包括Gogoro、Appier等公司進入國際市場後，國際化的腳步的確越來越快。XREX專注於新興市場（如：印度、非洲、拉丁美洲、中東等地區）區塊鏈於貿易金融之應用，加上創辦人黃耀文的資安專業，讓XREX具有難以取代的競爭優勢，期待XREX帶領台灣金融新創走向另一個國際化的重要里程碑。

═══ KT筆記／謝凱婷 ═══

過去幾年，台灣團隊想要募到國際資金，是條艱鉅又辛苦的道路。因為募資困難，往往限制了台灣新創的發展，無法像矽谷新創能以超高速度前行，也讓我們台灣團隊在市場發展的階段性目標裡，要先發展好本地市場才有機會走向國

際。Wayne帶領的XREX從一開始就先設定好國際市場的方向，並快速找到市場缺口和本身獨具優勢的技術及客戶群，在這樣的基礎下，XREX以超快速的步伐前進，迅速在新興國家市場裡找到絕佳的定位優勢。從Wayne的經驗裡，能給台灣新創團隊一些不同的思維和觀察，找到自己的優勢和市場缺口會是公司高速發展的重要基石。

在疫情期間募資是很大的挑戰，因為疫情阻絕了過去我們習慣的實體見面募資簡報，但也造就了全新的募資模式，讓國際間的往來溝通從實體變成線上，全球性的數位轉型，也更加依賴區塊鏈加密技術，間接推動整個Web 3.0生態系的高速發展。這讓XREX在最困難的時間點重新擬定募資策略，並強化區塊鏈技術的優勢，拿到1,700萬美元的資金。Wayne分享的募資心法很值得台灣新創團隊好好思考，該如何將原本的投資人變成最佳神隊友，變成可信任的募資夥伴，能協助嫁接公司資源和介紹新的投資人脈。同時Wayne也建議要管理公司的外部關係，如投資人關係管理、媒體公關策略、社群媒體經營，都讓公司能建立更多信任和曝光，這點真的很值得台灣新創們師法。非常謝謝Wayne的無私分享，期待XREX成為區塊鏈獨角獸，帶領更多Web 3.0台灣團隊走向國際！

訪談連結：https://open.firstory.me/story/cktvcugku2v790947ivqz0z94

24

一個人的個性，決定他的路徑：從硬體新創社群到創投合夥人

專訪楊建銘／HCVC合夥人

　　楊建銘（Jerry Yang），台大電機系與研究所畢業，在台灣和矽谷半導體業十二年，包含創業四年。2012年定居巴黎，取得巴黎高等商學院（HEC Paris）MBA學位以及特許財務分析師（CFA）持證人資格。2015年更在法國啟動硬體新創社群Hardware Club，協助硬體創業團隊，相互對接人脈與資源。

　　楊建銘親身經歷2000年的美國網路泡沫，更在當時科技國防役中，以菜鳥的身分，隻身遠赴美國英特爾進行產品驗證、合作，擁有四年新創經歷後，轉進矽谷工作，再毅然決然遠赴歐洲工作和進修，最終轉職創投。這一連串的過程，楊建銘說：「一個人的個性，決定他的路徑。」的確，在楊建銘的訪談過程中，他坦然接受、面對所有的挑戰，充滿創業者的高能量表現無遺。楊建銘從台灣走向世界，成為國際人才的過程與分享，相信對台

灣正在走向國際的新創人才，絕對是相當大的鼓勵與助益。

　　1998年正在攻讀台大電機系研究所的楊建銘，除了交友、玩音樂、跑夜店，這些年輕人該有的樂趣之外，更常與室友閱讀許多商業書籍。台灣在1994到1998年因為網路的興起，創造了包括廣達、瑞昱等科技公司的成功案例，美國更有許多因網路而生的巨擘，讓楊建銘在1994至2000年的求學過程中，栽下了創業的種子。

　　楊建銘畢業之後，於2000年進入IC設計廠商矽統科技服四年科技國防役，自2000年2月拿到聘書到10月國防役新訓結束間，美國發生了震撼全球的網路泡沫，當時，所有科技股都跌到谷底。楊建銘說，在工作前遇到這樣的衝擊，對他人生有滿大的影響，「看到網路世界從高點跌至低點，當時每個人都說網路將會一蹶不振，但看到現在科技股浴火重生，這種獨特的經驗，對我來說是無價之寶，」楊建銘笑著說。

美國與台灣沒有什麼距離，距離都在你自己的心裡

　　科技國防役工作到了第二年，公司有一個需要到美國英特爾進行USB 2.0認證的任務，還是菜鳥的楊建銘因為個性外向，加上擁有不錯的英文能力，便隻身擔負起赴美認證的任務。楊建銘說，當時是人生第一次造訪美國，從舊金山轉機到波特蘭，然後租車，對照著列印出來的地圖，找到了位於希爾斯伯勒（Hillsboro）的英特爾廠區。每天早上進實驗室與英特爾工程師認證測試自家系統，討論測試結果，晚上就與台灣團隊連線討論

如何改進系統設定以解決認證問題，前後只花了三天，矽統就成為全世界第二個拿到官方USB 2.0認證的公司（第一間是英特爾自己）。楊建銘說，當時英特爾的團隊還跟他說，沒有想到台灣的公司竟然在許多競爭者中，成為第二家通過認證的公司，這個經驗也成為他2004年創業的重要基礎。

楊建銘說，其實，美國與台灣沒有什麼距離，距離都在你自己的心裡。創業家，在過程中面對挑戰，每件事情都能夠打開眼界。

然而，楊建銘認為，在他創業的路上，仍有許多想法不斷挑戰著台灣的傳統思維。

是許多公司挖角對象的楊建銘說，家人常問他為什麼要去搞新創，為什麼不去上市公司工作。其實公司成立兩年後，因為一些內部問題，陸續就有一些成員跳槽到各大半導體公司，但是他卻不這樣想，透過創業的過程讓他可以看到世界的許多面向。

累積了幾十年的專業，是否要砍掉重來？

2008年新創公司被台灣上市公司收購後，楊建銘加入了當時無線網路晶片的龍頭公司Atheros，之後移居矽谷。當時雖然YouTube已經被Google收購，Facebook也已經取得大量用戶，但很多事情還是很模糊，唯一確定的是，矽谷半導體產業的新創環境進入寒冬，似乎已沒有成長空間。另一個讓楊建銘決定打掉重來的原因，在於全球晶片龍頭高通併購Atheros，相較於維持矽谷新創精神的Atheros，創立於聖地牙哥的高通乃以軍事工業起

家，企業文化比較接近傳統美國大企業，與矽谷有距離，這也成為楊建銘轉換領域的驅動力之一。

從建立社群到成為創投，
Hardware Club 做對了什麼？

當時三十六歲的楊建銘下了一個相當浪漫的賭注，2012年決定搬到法國巴黎工作。相較於矽谷本來就有Atheros的同事以及大學同學等人脈，巴黎乃至於歐洲對於楊建銘來說幾乎是從零開始。為了建立歐洲當地人脈，他一邊工作一邊進入法國名校巴黎高等商學院進修MBA學位，同時通過CFA考試取得持證人資格。楊建銘說，他剛到法國的時候，法國的數位化還相當落後，但是2012年歐蘭德（Francois Hollande）當選總統，拔擢馬克宏（Emmanuel Macron）為經濟部長，馬克宏即開始致力於催生新創企業。到了2017年馬克宏當選總統後，政府更以極快的速度數位化，新創企業蓬勃發展，大學生多願意在畢業後創業或者加入新創，加速生態圈的轉化成形。

2014年，擁有半導體背景且熟悉亞洲供應鏈的楊建銘嗅到了機會點。當時歐美興起一波硬體創業的熱潮，這些創辦人多半來自軟體背景，有很強的創意、想法與行銷能力，但在把硬體產品化和量產成功上卻常常碰壁。當時楊建銘與合夥人觀察到，不同創辦人在到處跌跌撞撞的過程中都會學到不同的經驗，當他們聚在一起就會互相交換心得，互相幫助解決供應鏈問題，因此決定成立硬體新創社群Hardware Club，邀請最優秀、最讓人興奮

的優質硬體新創加入，提供各種供應鏈和企業資源，讓他們在社群中能夠互相幫助，加速成長。

Hardware Club在成立短短一年半的時間內，成員從二十幾家公司成長到兩百多間，而這些成員都是經由楊建銘和合夥人嚴格評選而邀請加入的，有了優質的創業家互相激盪，這個社群也成為最頂尖的案件流（Deal Flow）。建立在這個基礎上，2017年楊建銘和合夥人啟動了HCVC第一支創投基金（5,000萬美元），正式進行新創投資。今天，Hardware Club更聚集了超過五百七十家新創與一千七百位創辦人，如何持續吸引頂尖創業家是他們從不鬆懈的努力課題。

雖然創投在過去有很強的地域觀念，但是楊建銘說，現在新創的投資已經是全球性的。例如匯兌支付新創獨角獸Wise（原TransferWise），雖然總部在倫敦，但創辦人是愛沙尼亞人，投資人包含歐洲、美國甚至日本，就是一個很好的例子。而HCVC自身的狀況，投資金額三分之二在歐洲，三分之一在美國，並沒有絕對的地域性。

Hardware Club與HCVC在疫情前有非常多實體的全球性活動，只有三位合夥人的團隊是怎麼做到的？

楊建銘指出，三個合夥人因為年齡和背景各不相同，各自有自己在歐亞太三大洲的人脈，透過三個人的合作，HCVC得以在全球各大新創城市舉辦成功的活動，和創辦人以及投資人們交流。

疫情對新創是助力勝過阻力

　　楊建銘說，疫情剛爆發時，很多人擔憂對新創會造成衝擊。以結論來說，美國聯準會為了因應疫情而灌注到市場的大量流動性，以及企業因為封城而被迫接受員工遠距工作，反而大大加速了各種數位新創的成長。

　　很多人說疫情對新創影響甚鉅，但楊建銘卻認為疫情是新創的推手，讓本來數位化緩慢的企業加快改變的腳步，Zoom 的興起就是一個很好的案例。

　　在疫情前，總是穿梭於各國間的楊建銘也同時是好幾本書的作者，這麼忙碌的生活怎麼能有時間寫書呢？楊建銘笑著說，通常喜歡創業的人都是擁有高能量的人，他自己對外對許多事情、人物都保持高度興趣，對內也很熱愛獨處的時間，才會因緣際會產出幾本「銷量欠佳」的著作。面對豐富、精彩的生活，楊建銘說，很多事，如果一開始不做，就永遠沒有機會。台灣的新創團隊，需要有自信地面對挑戰，不要老是看扁自己。與台灣的團隊共勉之。

═ IC 筆記／詹益鑑 ═

　　我跟 Jerry 是在大專新訓成功嶺上認識的天龍連同連班兵，1994 年距今多少年我們就當作這數字不重要。因為大學不同系，我們最常相遇的地方是台大籃球場跟自助餐廳，

直到我進了光電產業、他到了矽谷，我們才又開始聯絡。沒想到在我經常來矽谷的那幾年，他又搬到了巴黎，居然念起MBA跟考CFA，雖然對於多才多藝、無敵斜槓、自開外掛的Jerry來說，我早已習慣他什麼都能精通的本領，但人生就是這麼有趣，在我開始進入物聯網新創投資的研究時期，他正開始創立Hardware Club，而我也在台灣建立Smart Thing Club。

　經營物聯網的那兩年，我開始跑深圳、巴黎與矽谷，有了認識矽谷第二波起飛的機會，並透過Jerry兩次移居的經驗，思考自己是否要繼續長留台灣，還是要像他一樣勇於探索未知與跨出舒適圈（雖然某種角度來說，巴黎才是他的舒適圈）。Jerry這次訪談除了打破來賓跟我認識最久的紀錄，也是我們第一位人在歐洲的來賓。台灣的讀者、聽眾多半比較熟悉中國與美國的產業或市場，但對於歐陸尤其是法國，應該是相對陌生。如同Jerry所述，過去較有地域性的新創投資產業，現在也逐步走向全球化。除了零組件的供應鏈，人才、技術與資金的流通也會是台灣接下來要面對與思考的課題。硬體或許是我們的強項，但如何投資全球、經營社群，相信是Jerry跟HCVC可以給大家的啟發。

訪談連結：https://open.firstory.me/story/ckv2an6ttae040873vaiej09v

CHAPTER 4

創業故事與
新創公司

導讀——————————————————————————

新創獨角獸的聖地，成就矽谷的創業家精神

謝凱婷

　　每一個創業家都是令人敬佩的，只有創業過才知道在創業路上的辛苦和孤獨。「矽谷為什麼」花了兩年時間，訪問許多成功的創業家，在我們的專訪紀錄裡，可以看到一個個創業家們的前瞻和膽識，還有那些獨自承受的壓力。每一個成功的喝采背後，都是艱辛的創業之路，但創業家們一次又一次挑戰自我，打破舒適圈的藩籬，臂膀也因此才能變得更為強壯！

為什麼矽谷成為全世界
擁有最多新創獨角獸的產地？

　　矽谷很獨特，不僅是一個地區，它象徵的是一種從骨子裡就追求創新和打破舒適圈的文化。這裡有完整的創業生態系，有頂尖的學府、來自世界各地的優秀人才，還有願意投資創業家夢想的各式加速器、創投和企業投資人。人才、資金、技術齊備的矽

谷,更是給予創業家們高速成長的搖籃。全世界的高手都聚集於此,可能走在路上就能見到矽谷的傳奇人物或投資天王。我曾經在舊金山機場等行李轉盤時,旁邊就站著蘋果電腦的共同創辦人史帝夫·沃茲尼克(Steve Wozniak),看起來就像隔壁鄰居大叔,滿頭亂髮鬍渣外加Polo衫和舊牛仔褲,和善又隨性的外表,完全想不到居然是世界頂級科技公司的共同創辦人。矽谷的生活就是這樣,可能只是去喝杯咖啡也會遇到想不到的傳奇人物。這裡是個可以讓人做夢,又有很多資源可助人達成目標的地方,讓人有信心赤手空拳就能打出一片江山。

創業家需有嘗試失敗、接受犯錯的勇氣

我們在「矽谷為什麼」第四集的訪談裡,訪問到無名小站創辦人簡志宇(Wreth),他分享的一句話,是矽谷文化裡很重要的一環:「在矽谷,你要有跌倒後迅速站起來的勇氣。」他認為在矽谷創業失敗不是一件羞恥的事情,99%的創業者其實都會失敗。問題是,你有沒有嘗試失敗和接受犯錯的勇氣?不要害怕犯錯,看不到目標時,就應該重新思考方向,不要虛擲時光,創業失敗不是可恥的事情。在這樣的環境裡,挫折和失敗將成為下一次成功的養分和基石,唯有經過很多荊棘,才能踏上成功之路。

從零到一的機會和價值

在訪問「吉他英雄」(*Guitar Hero*)的共同創辦人黃中凱

時，我曾經問過他：「你覺得你是在最佳時機出場嗎？如果再來過，你會希望讓公司變成更大的獨角獸或是成為上市公司嗎？」他回答說：「我覺得我適合從零到一，在這個階段我們開創了一個全新的電玩領域，並在一年內席捲全世界，拿下幾百萬的用戶。我認為這對我們就是最佳時機，將公司下一階段的產品和市場，交給有更強大市場行銷資源和品牌力量的大公司，而我們則繼續保持創新的腳步和速度即可。」矽谷投資天王、PayPal共同創辦人彼得・提爾，他的著名暢銷書《從0到1》（*Zero to One*），也是抱持相同觀點，他鼓勵保持創新，看到別人所看不到的祕密，保持創業家自我的獨特性，為自己創造無限的機會和價值！

對未來有強烈企圖心，並樂於與他人分享

何謂創業家特質？在訪問過許多創辦人後，我發現他們都有一個共通點，他們對自己的目標有強烈企圖心，並且有強大的執行力和溝通能力，同時他們也樂於與他人分享自己失敗和成功的經驗。在矽谷，創辦人需要有信念，相信自己做的事情會改變未來，如果自己都不相信，又怎麼說服投資人和團隊加入呢？只有讓自己具備小草般強韌的生命力，再加上如陽光、水、空氣的矽谷創業生態系，才能日漸茁壯為一棵繁盛的大樹。

本篇獻給所有強大又勇敢的創業者，願每個正在努力的創業家都能成為未來夢想中的自己！

25

從台灣創業到矽谷創投之路

專訪簡志宇／無名小站創辦人

　　無名小站是七、八年級生的青春回憶，在沒有Facebook、Instagram的時代，許多網美都是在這裡崛起，成為第一代網路紅人。2005年由簡志宇創立的無名小站，在其帶領的團隊經營下，成為台灣第一大社群網站，並在2007年由雅虎併購。這一段充滿傳奇的過程，成為台灣網路界的佳話，簡志宇也在併購後進入美國雅虎。簡志宇說，來到矽谷後，發現在台灣的自己有太多不知道的事情，很多事情的運作，原來不若自己的想像，文化衝擊讓他大開眼界。從創業者歸零回到求學過程，之後進入創投業，簡志宇在各種身分的轉換中，都學習到相當珍貴的經驗。

　　簡志宇說，創立無名小站跟來到矽谷都是人生的意外。在交大資工求學時，很愛寫程式的他，就常寫許多小工具給同學使用，當時因為寫論文遇到瓶頸，因此將時間轉而投入製作部落格與相簿。沒想到當時只是為了滿足自己看相簿的速度需求，卻讓無名小站一戰成名，簡志宇說，這個成功其實是時間對了。

雅虎成立的 Web 1.0 時代，幾乎都是單向的資訊傳播，內容生產與收看者的界線分明。但在網路泡沫後，進入 Web 2.0 時代，不管在技術或頻寬上都有顯著的成長，加上當時數位相機的價格正式跌破1萬元，讓生產數位內容變得更容易，觀賞照片也從以前的龜速，晉升到一秒不到的時間，宣告網路民主化時代的來臨。無名小站也可說是正式開啟台灣的網紅時代，當時許多網紅正妹算是第一代的早期使用者，包括台大五姬、神龍等至今仍讓人津津樂道。

簡志宇說，與雅虎的併購實屬意料之外，當時如日中天的雅虎，對無名小站的不按牌理出牌很有興趣，在幾次對談中，因為多樣的合作機會演變為併購。簡志宇更在併購之後，因為雅虎的安排進入矽谷，開啟了他人生的另一個階段。

文化的衝擊讓簡志宇決定回到最初

「矽谷真的讓我大開眼界，當時包括Google、Facebook都朝全球市場進行規劃，這時候我就了解，無名小站的狀況應該無法經營很久。」在矽谷文化衝擊與語言隔閡下，簡志宇一開始的確陷入低谷，直到回想起自己過去在交大求學時的快樂，決定讓自己歸零，打掉重練，回到校園繼續進修。

「我不知道史丹佛大學很難申請，一開始只是因為學校位於矽谷，而且校園非常美麗，所以沒有多加思考就決定申請，」簡志宇笑著說。加上在雅虎工作的過程中，認識許多商學院的朋友，因此決定選擇MBA，在學校重新開始。

簡志宇說，申請MBA的過程中，需要審視自己未來的方向，因而決定投入創投產業。由於MBA推薦人之一的雅虎創辦人楊致遠，當時正準備離開雅虎、成立創投公司AME Cloud Ventures，也讓簡志宇戲劇性地轉戰創投領域。

創業家是孤獨的，希望能做一個好的聆聽者

曾經也是創業者的簡志宇說：「很多創業家是很孤獨的，很多事情怕講出來影響士氣，影響投資人對公司的看法，我們只能接收抱怨，但卻無法跟別人抱怨。」因此，轉換角色後，簡志宇希望扮演創業家的聆聽者，傾聽他們的抱怨。因為這個信任感，很多創業者在第一時間有任何好消息或壞消息，都會與簡志宇分享，這也是他相當重視的核心特質。

如何成為一個好創投？簡志宇笑著說，這其實也跟個人的敏銳度有關，無法具體說明。對他來說，看到好的投資機會，就跟男女朋友的感覺很像，在聽完創業者的分享後，會有一見鍾情的感覺，願意努力完成對方的心願。

就像公司2013年開始投資Zoom，但到了2019年Zoom才上市。在過程中，你要回到初衷，既然投資時願意相信公司的藍圖，那就要盡其所能協助其完成既定的目標。

新創不應以取得創投資金為成功，
需要考量不對稱報酬的風險

天使資金很多都是業餘投資人，用自己的錢投資。但創投則不同，創投是拿了許多金主投資人的錢，並且承諾一定的報酬率，因此創投有其背後的投資壓力。創投尋求的是非對稱的報酬，而非穩定的成長。因此，對於現在許多新創公司視取得創投的投資為成功，簡志宇覺得需要深思。

矽谷只有40%的上市公司有過創投的挹注，然而資金的取得管道除了創投，還有銀行、親人等方式。若新創沒有絕對的必要，不一定需要取得創投的資金，承受不對稱性報酬的期望壓力，而是可以保有自己穩定成長的本質。

在多年創投的經驗下，簡志宇覺得沒有人創業想要失敗，但是創業本來就是高風險的投資，失敗是正常。但如果可以將失敗的經驗整理出來，就有機會成為下一次成功的基石。因此，即使遇到失敗的投資，簡志宇仍會以這樣的想法與創業者互相勉勵。

新冠疫情長期來看是好的壓力測試

「新冠疫情短期來看的確造成許多企業的衝擊，但以長期來看，卻是一個很棒的壓力測試機會，」簡志宇這麼認為。過去十年的榮景，讓許多企業忘記為危機做好準備，以新創而言，做好現金流的準備本來就是必要的。而好的機會都是在危機中產生，譬如2008年的金融海嘯，造就了以Uber為首的共享經濟，他相

信在疫情之下，必然會造就出許多新的市場機會。

在疫情之前，簡志宇就投資了許多與健康醫療相關的題目，譬如以「常間回文重複序列叢集」（Clustered Regularly Interspaced Short Palindromic Repeat, CRISPR）技術利用試紙進行病毒篩檢。簡志宇說，當時會看準這個題目，最主要是因為，以美國這麼先進的國家來看，其健康醫療體系卻不夠完善，而這不是人類第一次，也絕對不是最後一次接受病毒的挑戰。

這次新冠疫情對全球的健康醫療體系是相當重要的壓力測試，一切都回到人最基本、最剛性的健康需求（編按：剛性意指需求的價格彈性小），更讓全球各國審視最基本的健康醫療系統。

台灣與矽谷，用國際人才視野開啟連結

台灣是個高度仰賴國際連結的國家，這次因為疫情，也讓台灣先進的醫療體系與全球第二多醫療器材零件生產（僅次於日本）的策略優勢被世界看見。但我們需要思考，三十年之後，台灣是否需要進入一個新的經濟時代？三十年後的台灣，是否還是以台灣的人才為主？美國身為一個如此先進的國家，仍有40%以上的國際學生，讓美國學生不用出國就可以擁有國際人脈。如此需要國際化的台灣，是否更需要歡迎外國的學生與知識性人才，讓台灣擁抱國際化的潮流，是台灣可以深切思考的策略。

═ IC 筆記／詹益鑑 ═

在Facebook跟Instagram風行全球之前，BBS、部落格與網路相簿是我們這些Web 1.0的老骨頭當年沉迷網路與流連忘返的同溫層回憶，無名小站不僅撐起了台灣第一代網紅的世界，被世界級的雅虎收購更是當年台灣網路圈的重大指標事件。兩位主要的共同創辦人簡志宇及林弘全，在進入雅虎擔任專業經理人之後，一位來到矽谷念了MBA並加入創投，另一位則成為連續創業者。這幾乎是美國新創生態系中最主要的幾種路徑：創立的公司被收購，然後轉向投資領域或繼續創業。而這兩種不同的生涯路線，日後能創造重大投資或創業成就，根源幾乎都是有創業即被收購的經驗。

台灣另外幾個在網路業的典範，如目前已成為獨角獸的91APP創辦人何英圻，以及曾經以「地圖日記」被Groupon收購的創業家兄弟郭書齊、郭家齊。有趣的是在台灣被收購後成為創投的案例並不多見，但是如彼得・提爾或a16z的兩位創辦人，還有Y Combinator的三位核心創辦人，都是從被收購的創業者轉變成創投業者或加速器的經營者。這當中的差距，我覺得除了在台灣新創被收購的金額與創辦人持股未必能產生足夠的資本投入創投基金，另一個關鍵則是台灣的資本市場與創投環境特性（缺乏合夥人制度與提拔有創業經驗的年輕合夥人）所導致。也許如同簡志宇所說，台灣需要更國際化，我們才有機會產生更多面對全球市

場的新一代連續創業者與創業投資人。

訪問連結：https://open.firstory.me/story/ckjmoxa1pn0kk0893bi982f0g

26

從吉他英雄到矽谷台灣幫

專訪黃中凱／886新創工作室執行創辦合夥人

「吉他英雄」與「跳舞毯」，這兩個紅極一時的遊戲與設備，到現在都還令人津津樂道，但不說你可能不知道，這兩項膾炙人口的創新，都來自於台灣人在矽谷的創業！就像許多放棄學業、抓住時機的創業家故事，黃中凱（Kai）也緊抓網路崛起的機會點，投身矽谷成為連續創業家，向大家分享他在創業過程的犀利洞察，以及現在如何轉換身分，協助台灣與矽谷連結，讓創業在全球遍地開花的心路歷程。

1977年，黃中凱四歲時，舉家從台灣移民到美國。1994年從加州大學柏克萊分校畢業後，在埃森哲顧問公司擔任顧問。1998年，考慮回學校繼續攻讀MBA的同時，卻遇上難得的網路創業機會崛起，在那個充滿創業機會的年代，黃中凱笑著說：「當時的確很掙扎，但是想想MBA什麼時候都可以讀，創業時機卻不是什麼時候都有。」這個轉念讓他毅然決然投入矽谷新創圈，開啟一連串精彩的創業之路。

1998年的連續創業，從軟體到硬體的發展之路

黃中凱的第一個創業是專注於Linux作業系統的軟體公司Adux Software，雖然擁有研發產品的能力，但當時年輕的創辦團隊，由於缺乏銷售經驗，讓第一家創辦的公司，最後以被其他企業收購出場。

黃中凱成立的第二家公司為類似Neflix經營模式的線上遊戲租借服務RedOctane，黃中凱說，剛開始RedOctane主要只提供「*Dance Dance Revolation*」遊戲租借，但是收到許多顧客詢問是否銷售跳舞墊，為了增加營收，便開啟了硬體銷售的契機。剛開始公司主要銷售第三方供應商的跳舞墊，以30美元進貨，50美元銷售。六個月後，黃中凱決定在中國找尋製造商直接製作，成本更降低到8美元。除了降低成本，產品上架前，黃中凱決定一反過去的價格競爭，採取高價策略，下此決策的主要關鍵點在於：

1. 對消費者而言，價格通常反映商品的品質，高價可以建立高品質的印象；
2. 價格訂高可以隨時降價，但如果一開始就設定低價，之後就很難把價格拉高。

這個相當獨特的產品定價決定，讓當時成本只有15美元的高階跳舞墊，在終端市場以130美元的價格狂銷，高達85%的毛利，也讓黃中凱團隊學到產品、毛利與實體通路的經驗，為下一

個明星產品「吉他英雄」做好準備。

　　從 *Dance Dance Revolation* 跳舞墊在經銷商熱賣學到經驗，黃中凱團隊開始思考將當時在日本相當受歡迎的音樂遊戲帶入美國市場。不同於日本的流行音樂（J-pop），黃中凱選擇以美國西部相當受歡迎的搖滾樂搭配上吉他。黃中凱說：「大家現在看到的是吉他英雄光鮮亮麗的成功案例，但我們也是經過多次的失敗與掙扎。」在吉他英雄正式推出前，資金吃緊的創辦團隊更將房子抵押，並向親友借款，才讓吉他英雄得以正式推出。

　　吉他英雄推出後的爆紅，也讓團隊體驗到硬體的製作、交期、運送等不同於以往的軟硬體管理。吉他英雄推出後，以每月三萬台的銷售熱潮持續延燒，到了第十二個月，銷售量更高達八萬台。2006年，RedOctane被軟體遊戲公司「動視」（Activision）＊收購，成為動視的第一款硬體產品。黃中凱說，RedOctane被收購前的銷售額為5,000萬美元，收購隔年達30億美元，他負責的最後一年營收更高達60億美元。看到顯著成長的業績，很多人問黃中凱是否後悔被收購，黃中凱認為，回頭看，那的確是個被收購的最好時機，或許公司晚點被併購可以賺更多，但是錯過這個時機，公司可能就會有不一樣的走向。而黃中凱的確看到許多新創因為錯過時機，最後黯然出場。

　　同時待過動視這樣的上市公司與新創公司RedOctane的黃中凱指出，大企業與新創的運作的確有很多不同，他觀察到三個主要的不同點，包括：

＊　動視後來於2008年與Vivendi合併為動視暴雪。

1. 大企業的確很難創新

由於上市公司已有許多營業額相當高的產品，將資源投注
於零業績的創新項目，難免陷入為什麼不將資源投注於現
有獲利品項上的討論，也成為創新的瓶頸與門檻。

2. 團體決策速度差異

RedOctane過去有一個綠燈會議（Green Light Meeting），
但到了大企業，幾乎所有的會議都成為紅燈會議（Red
Light Meeting）。大企業的確匯集許多優秀人才，但當大
家都有意見時，每一個決策都只能以「再看看，我們下次
會議討論」收場。他朋友曾經笑稱，大公司做一個決策，
新創可能已經做了十個，雖然這十個裡面可能只有七個成
功，但畢竟還是有進度，兩種公司的決策速度的確相當不
同。

3. 集中火力打造品牌的力道

在大企業中見識到其品牌行銷的力道，整合所有平台、產
品、合作夥伴、廣告、公關等行銷工具，集中火力於同一
段時間建立起高度的品牌能見度，這是一般新創企業難以
達到的能力。

離開動視後，黃中凱又陸續創辦了Blue Goji與Flash Bike，藉此完成其連結遊戲與健身兩件事情的夢想。說到創立Flash Bike的緣由，黃中凱說第一次接觸電動腳踏車就相當有興趣，並決定將其作為主要的上班通勤工具，但等到真正騎乘後，才發現原來人身騎乘安全（Safety）與腳踏車的安全（Security），是許多跟他有同樣興趣的民眾，最後選擇放棄騎乘的主要原因。透過Flash Bike的安全車燈與手機安全系統，希望喚回這些本來就存在的騎乘族群，就像吉他英雄喚回許多原本就在玩遊戲的消費者，讓過去因為某些原因放棄騎乘或遊戲的人，重新找回樂趣。

看準未來趨勢：食物產業1.0

黃中凱現在已經跳脫過去創業者的角色，成為許多新創的專業顧問與教練，他說自己最看好的是食物產業。如同過去的網路產業，因為擁有網路基礎建設（Internet Infrastructure）、物流（Delivery）、及品牌，而打造出許多像是亞馬遜這樣成功的企業。現在我們在食物產業也看到相似的狀況，我們稱其為食物產業1.0。目前食物產業擁有雲端廚房，不需要真正開一家實體餐廳，在物流上有Uber、foodpanda，在品牌端只要誰先取得先機，就能掌握產業優勢。

如果你想創業，矽谷絕對是首選

從連續創業者轉換為天使投資人，黃中凱說：「我很幸運，

在創業的過程中很多人幫助我，現在正是我回饋的時機。更重要的是，這其實是個雙向互動的過程，在幫助這些新創的同時，我更可以了解許多產業新知，並且感受到這些創辦人源源不絕的活力。」不僅如此，黃中凱認為，矽谷對創業而言是一個很特別的地方，在這裡，任何你能想像得到的名人、創業家，只要你跟他聯繫，他都願意與你分享並幫助你。

「這樣的生態類似於體育圈，當你作為擁有一定成績的運動員，你深知自己不會永遠立於不敗之地，所以你退休後便成為教練或擔任經理人，繼續將所學傳遞給後繼者。」

提到「矽谷台灣幫」（Taiwan Mafia）的由來，黃中凱表示，過去在矽谷的台裔創業家們被稱為「矽谷台灣幫」。這群成功的創業家雖然尚未產出具體的扎實知識提供給創業家參考，但他們正在研擬和台灣的加速器、創業家合作的計畫，希望將自身在矽谷闖蕩的經驗分享給台灣的創業家。

黃中凱認為，「就像想要在演藝事業大放異彩的人會選擇進軍好萊塢。擁有優秀生態圈、人才、資源、投資團隊的矽谷，絕對是對科技與創業有熱情的團隊的第一選擇。」

═ IC 筆記／詹益鑑 ═

雖然跟創立吉他英雄的黃氏兄弟認識多年，但之前無論在台灣或矽谷，每次聚會都是熱鬧場合，難得有時間跟 Kai 好好深入交流。對於他的創業故事，許多都來自媒體報導，

直到我來矽谷進行訪問研究，並藉著這一次錄音的機會，終於可以好好暢談他的創業歷程與近年來的投資心得。同時，我也找了時間去試騎他所投資的電動自行車，實在是非常優秀的設計與體驗，可惜遭遇疫情導致的供應鏈問題，目前還沒辦法大量生產，但我覺得非常值得期待。

　　此外，在準備這一集錄音的時候，我跟KT也遇上一個大麻煩，就是Kai雖然能聽得懂中文，但對於閱讀與口說，簡直要他的命。除了英文之外，他比較流利的其實是台語而非國語，但對於台語很破的我跟KT來說，一來不知道該怎麼準備訪綱，二來也很怕在錄音時頻頻笑場，雖然可能會笑果十足，但我們最後還是決定用中英併用的方式，完成這次訪談。有興趣聽聽原音重現的讀者，千萬別忘了掃描這一集的QR code喔！

訪談連結：https://open.firstory.me/story/ckjmoxa1zn0kq08937j0q6c9j

27

追不到夢想就創一個！矽谷阿雅從台灣記者到矽谷創業家的顛覆筆記

專訪鄭雅慈（矽谷阿雅）／Taelor 創辦人暨執行長

　　由前 Facebook 電商產品經理「矽谷阿雅」鄭雅慈創立的人工智慧租衣訂閱新創公司「Taelor」，2021 年底才開始試營運，隨即拿下美國傳奇投資人 Tim Draper 舉辦的 Draper 創業比賽冠軍、芝加哥大學（University of Chicago）校友創業比賽的美西冠軍、世界青商之星獎等多項殊榮。阿雅自台灣《蘋果日報》記者、赴美求學，一路從希爾斯百貨（Sears）、塔吉特百貨（Target）、麥當勞等美國大型實體通路，到 Meta（Facebook、Instagram）、eBay 等矽谷科技公司擔任產品長、行銷長等職位，幫許多大公司建立從零到一的產品，過程中，更榮獲美國十多項數位大獎、美國《Min》雜誌年度最佳行銷人獎提名、非營利組織「Girls in Tech」四十歲以下女性科技菁英榜、台灣十大傑出青年提名等無數獎項。就如同她之前推出的暢銷書《矽谷阿雅 追不到夢想就

創一個！》，「不要害怕未知！沒辦法就想辦法！」是阿雅一路走來的重要座右銘。

把最糟的情況想清楚，更不要害怕尋求幫助

「在《蘋果日報》的經驗對我相當受用，當時記者的訓練，讓我年紀輕輕就可以有機會隨時與產業大老見面、聊天，更讓我學得對未知不會恐懼，因為我常常需要早上拿到一個姓名，晚上就必須寫出這個名字背後的故事與真相，」阿雅笑著說。相當喜愛記者職涯的阿雅卻在與一位矽谷朋友的對談中，開啟她想要探索世界的好奇心，面對穩定且喜愛的工作，阿雅分析，出國求學最糟的狀況也就是償還學貸，在評估後，決定前往美國西北大學（Northwestern University）攻讀整合行銷傳播碩士。

過去英文連游泳池（Pool）與海洋（Ocean）都分不清的阿雅，在美國求學與求職的過程，徹底展現其「沒辦法就找辦法」的高度企圖心。畢業後決定繼續留在美國就業的阿雅，遇上了金融風暴的求職冰河期，阿雅透過學校圖書館義工修改履歷、到養老院陪老人聊天練習口語表達，因為沒有面試機會，每天到其他系所的面試場合報到，只要遇到面試官出來，就遞上履歷，甚至到全校各系所拜訪不認識的老師，尋求人脈介紹。在某個座談會中，更直接透過電子郵件與當時威訊媒體（Verizon Media）行銷長聯繫，希望有面試的機會。阿雅笑說，當時行銷長說：「你知道我為什麼和你見面嗎？因為這年頭有膽量直接約我見面的人不多！」阿雅的高度企圖心展現無遺，而「不要害怕請求幫助」更

是阿雅每一段過程中的重要核心思維。

看好機會、了解專長,讓求職第一步更精準

阿雅後來在雜誌社及希爾斯百貨擔任行銷工作,之後轉職於美國僅次於沃爾瑪(Walmart)的第二大零售百貨集團「塔吉特」擔任數位行銷,也在當時累積從零到一的產品開發經驗。回首看塔吉特前七年的工作經驗,如果再從來一次,阿雅會重新思考:

1. 先看好哪裡有機會:一開始阿雅就想到媒體公司做行銷,但因為媒體公司不太做行銷,所以其實這個機會相對小。
2. 了解自己的專長:每個人的專長都不同,專注於發揮自己的優點,除非你的缺點很致命,不然不用致力於改變缺點,而是要將優點發揮到極致。

2013年,iPad正當紅,阿雅接任塔吉特平板電腦電商產品長的職務,當時公司給的目標很明確,想做什麼都可以,但需要在年底感恩節與聖誕節銷售旺季,透過電商創造每天100萬美元的業績。阿雅在短暫的時間壓力下,立即盤點企業優勢,當時競爭品牌亞馬遜強在送貨時間、eBay產品選項多、沃爾瑪價格便宜,而塔吉特在消費者心中最難以取代的就是「常逛到流連忘返」。阿雅決定把這個優勢帶入電商,在當時Instagram、Pinterest都還沒有購物車時,製作出可從Instagram等社群媒體直接連結至塔吉特App的購物功能。阿雅說,那段時間團隊很專

注，只有發展這個功能，因為「目標」（Target）很明確。

　　這個從零到一的經驗，讓阿雅更加體驗到不可能什麼都做，除了一些使用者體驗的基本功能一定要完備，在有限的時間、資源，明確的目標下，更需要聚焦。

在所有的過程中，我都是會一半學一半

　　從實體零售業的希爾斯、塔吉特、麥當勞到後來轉進eBay、Meta等虛擬通路，阿雅說，這個過程她一直都是會一半、學一半。過去因為在《蘋果日報》的經驗及西北大學整合行銷傳播碩士的知識，再進入美國雜誌社做數位行銷；之後因為雜誌社的數位行銷經驗，進入希爾斯百貨擔任數位行銷，在這中間學到許多大數據、個人化內容的專業，也因著這個專業到同公司負責App的開發；接著進入塔吉特負責開展該公司矽谷辦公室，帶領App的開發團隊；再靠著塔吉特的經驗幫麥當勞開展矽谷辦公室、帶領全球電商；接著用全球電商的經驗加入eBay帶領新興市場，並進而轉戰Meta創立社群電商部門。在這個過程中，阿雅覺得忠於自己的熱情，從媒體起步，但也開放心胸，接受改變，沒有死腦筋，是自己一路走來的重要學習，在這過程中的確會遇到許多挑戰，但找到興趣就面對並且積極學習，絕對是不二法門，像是陸續再到芝加哥大學商學院念企管碩士、加州大學柏克萊分校念電腦科學。

　　從媒體、實體零售業到科技產業，每一個轉變都是學習，更是不同的企業文化，阿雅可以快速融入、轉變的三個重要思維：

1. 試著忘記過去的成功，每一個工作都是新的開始。
2. 不要以為自己就是用戶：過去常有人問阿雅，不是美國人
   怎麼能做出針對美國用戶的產品，阿雅笑問，那不是所有
   只要是美國人做的產品都應該大賣嗎？千萬不要以為自己
   就是用戶，當一張白紙深入了解用戶的體驗才是重點。
3. 善用專長：老闆過去對阿雅的評語常是太過有人情味。一
   開始的確讓阿雅很喪氣，但是阿雅發現，後來只要她離
   職，許多團隊同伴都願意與她共進退，許多優秀的人才，
   即使薪資沒達到原來預期，也願意與她一同共事，這個願
   意把員工當朋友看待的人情味，本來以為是缺點，其實也
   正是她不可取代的優點。

除了以上的思維，科技產業與實體通路在行銷本質上也有
極大的差異。以塔吉特等實體零售產業為例，主要以採購與營
運為主，科技是其中一種輔助工具，可以在過程中學習到許多
OMO（Online Merge Offline）的操作。在科技公司，科技則成為
營運核心，優勢是可以在這過程中學到許多最先進的科技應用
與趨勢，但行銷在科技公司並非核心，過去主要採用成長駭客
（Growth Hacking），行銷預算也相對低，整體來說，操作不若實
體零售業複雜，學習也相當不同。

阿雅眾多的職場轉換過程都是透過挖角，她說，對有經驗的
人而言，矽谷滿是機會，在思考是否轉職的過程中，阿雅會先思
考下下一步要去哪，轉換下一步是否對原設的最終目標越來越
近。阿雅對於職場的目標一直是到科技公司做全球產品，所以從

希爾斯、塔吉特、麥當勞、eBay、Facebook，一步步都朝目標邁進。

　　阿雅說，過去十多年來自己真的很幸運，可以一步步地證明自己，但畢竟在大公司裡，每個員工只是整體運轉的一個螺絲釘，希望在職涯下半場，結合過去的經驗，做對社會更有影響力的事情、實踐自己的願景。

時尚界的Netflix：
創AI循環時尚新創Taelor，讓美國宅男變神男

　　隨著離開企業，阿雅成立了美國人工智慧男裝租賃訂閱服務Taelor。成立不到一年的時間，便囊括國內外多項大獎，包括由矽谷傳奇投資人Tim Draper創辦的矽谷頂尖加速器Draper創業比賽雙料冠軍，美國芝加哥大學Polsky創業中心的創業比賽美西冠軍，並獲選全球青商之星、入選台灣科技新創基地（Taiwan Tech Arena, TTA）和美國頂尖加速器500 Global計畫，試營運時期，更已簽下十多個時尚品牌，甚至連美國知名媒體《Vogue》、彭博（Bloomberg）、ABC都搶先報導。

　　阿雅指出，Taelor是針對忙碌男生的「時尚界Netflix」人工智慧男裝租賃訂閱服務，會員繳交月費，每月可以穿八件衣服，由穿搭師和人工智慧幫會員穿搭，會員收到第一個盒子的四件衣服，可以無限次穿，穿完不用洗、退回去，再換下一個盒子，如果喜歡，也可以用最低原價三折買下來。近年環保、永續意識抬頭，共享經濟、循環時尚的租賃訂閱被看好是下一波投資熱潮，

但阿雅看準的更是透過租賃帶來的豐富數據，成為零售、衣服品牌預測趨勢的前哨站。

對品牌和零售來說，Taelor就像他們產品上市前的測試平台，他們在平台上得到回饋、打知名度、找到新顧客，並得到消費者數據洞察。透過租賃，Taelor蒐集了豐富又獨特的數據，提供個人化的穿搭建議給消費者，對消費者來說，人工智慧比消費者更了解他們，知道穿什麼好看。另外，品牌和零售也知道消費者的真實需求，因為會員是固定月費穿八件，因此顧客選擇要租的衣服、租過有沒有買下來、租過後的回饋都代表著不受價錢影響、最真實的喜好，「就跟你在Netflix上決定要看哪部片一樣，是因為你真的喜歡，而不是因為這部片正好在特價。」身為品牌的科技和數據服務供應商，Taelor靠提供產品測試、數據分析洞察獲利。

阿雅說，其實自己是個討厭逛街購物、不愛時尚的人，經常到Uniqlo和J-Crew，同個款式一買就是五個顏色，穿一、兩年，舊了就再買一樣的來「補貨」，但目前的服務，像是美國衣服穿搭訂閱服務Stitch Fix，訂閱穿搭師的搭配後，一定要購買，女裝租賃服務Rent The Runway，雖然擁有租賃模式，卻沒有穿搭服務，讓她看到中間沒有被滿足的市場缺口。

她也曾和在美國龍頭百貨諾德斯壯（Nordstrom）當研究員的朋友做市調，訪問了五百多位美國人，發現很多人有一樣的困擾，但這些人竟然都是二十五到三十五歲的男生、超過半數單身，他們是工程師、業務、白領上班族。她於是開始研究這些人的生活型態和趨勢，發現世界時尚的消費者趨勢是「可以使用

的經驗」（access），像是穿好看而帶來的自信和成功，而不再是「擁有」（ownership），像是擁有特定某件衣服。

試營運的過程中，阿雅發現，中高薪、忙碌、有雄心的年輕男生喜歡Taelor，以前這些人一年花不到200美元在衣服上，用了Taelor服務後，短短三個月就花500、600美元，而且租賃後購買率高達兩、三成，留客率也有超過九成，原來是他們喜歡穿搭服務，及租賃不一定要買下來的彈性（雖然他們最後多數都會買），兩個加起來剛好讓他們不用燒腦，「再也不用想要穿什麼了！」說是懶人經濟一點也不為過。

「我希望能幫助更多像我這樣平凡出身的人更有信心，成就自己的夢想！」「穿好看不是重點，幫助大家因為穿好看、覺得自己準備好了，因此得到機會能夠升遷、約會順利等想要成就的事情，才是我們的宗旨，」阿雅笑著說。

阿雅認為，Taelor也提供成衣業一個轉型的機會。疫情大幅衝擊零售、品牌商，而代工廠也一路從台灣、大陸、越南，轉到緬甸，近年緬甸政局不安，業界紛紛議論下一步要去哪裡，低價競爭空間有限，轉型勢在必行。Taelor平台讓零售、品牌商可以將庫存變現、轉售，還可以嘗試新商業模式、測試商品、取得趨勢數據、吸引不愛嘗試新品牌的男性消費者、接觸到對共享經濟接受度高的年輕族群。代工廠也因此有機會做自己的品牌，不需要傳統百貨就有通路進入美國市場。

阿雅從台灣媒體到矽谷創業的正在進行式，正在實踐其「追不到夢想就創一個」的人生理念，相當激勵人心，也絕對值得走在創業路上的你借鏡。

═ IC 筆記／詹益鑑 ═

　　認識阿雅的時候，她正要離職創業，因此，從錄製節目當時到出版前的這兩年，我親眼目睹了一個經理人到創業者的華麗轉身與奮不顧身。每次在網路上或實體世界遇到她，總覺得她是個旋轉的陀螺，不停地將身邊的資源或機會帶往她的新創事業，又不停地將她經歷過的求職、工作、轉職與創業的故事，分享擴散給來到矽谷或美國的職場新鮮人與海外新住民。

　　再說到相較於企業是複製並執行已經成功的商業模式，創業則是不斷嘗試與修正商業模式的過程，那麼創業者最重要的能力，就是獲取資源與修正錯誤的速度。阿雅是我見過最有活力又最努力尋找資源的創業者之一，在自己已經有過經驗的產業與角色上不停拜訪投資人、業師與策略夥伴，難怪能在很短的時間裡建立業績並獲得非常多知名投資人與機構的青睞。相信有一天，我們對這家新創與創辦人的紀錄，將是非常重要也讓我們備感榮幸的一頁。

訪談連結：https://open.firstory.me/story/ckjmoxa2rn0l608930djt00aj

28

如何善用矽谷資源建立新創能見度？

專訪黃威霖／LearningPal 共同創辦人

　　豐富的新創資源讓矽谷成為全球新創聚集的夢想之地。矽谷新創 LearningPal 共同創辦人黃威霖（Austin）自倫敦大學學院（University College London, UCL）生醫工程學系畢業後，曾經在新加坡從事研發工作，再回到英國於牛津大學（University of Oxford）取得生醫工程碩士，接著來到矽谷，在加州大學攻讀柏克萊分校與舊金山分校的雙聯博士。本來會走上研究路線的他，卻因為矽谷的創業氛圍與自己的人格特質而離開學研路線，進入人工智慧與企業解決方案的新創領域。

　　一路都鑽研生物科技的他，在經歷台灣、美國、英國不同的教育洗禮，從實驗室、業務行銷與市場開發的多元領域，看準數位醫療是未來不可抵擋的趨勢，在疫情、高齡化與人力緊縮的新常態下，遠距工作與自動化更將是投資的未來重點。

矽谷新創，從學生時期就積極找資源

曾在多個國家求學與工作的黃威霖指出，比較台灣與矽谷兩個地方的新創，可以發現矽谷的新創團隊很多都從學生時期開始投入，大二、大三的學生不但充滿衝勁，知道自己要什麼，更在此基礎之下，努力找資源、積極學習所缺乏的知識。相較於矽谷，台灣的學生相對被動，在找資源的積極度與時間點也相對晚，是台灣新創業者可以借鏡的地方。

Plug & Play和Berkeley SkyDeck定位大不同

曾隨著創業團隊進入矽谷兩個知名的加速器計畫Plug & Play和Berkeley SkyDeck，那麼兩者之間的差異為何？黃威霖指出，SkyDeck的定位比較像是新創的小型MBA，透過循序漸進的課程、與教授的討論，學習新創相關知識。此外，SkyDeck也可以透過在學生的人力媒合，協助缺乏人才的新創團隊找尋優秀的人力資源，甚至尋找共同創辦人。

Plug & Play的定位則在於新創與企業間的媒合。Plug & Play的企業會員許多都是國際知名企業，並且細分為多個不同產業。以黃威霖共同創辦的LearningPal為例，即透過Plug & Play與日本、歐美等多家金融企業取得合作契機。

Plug & Play對新創而言，比較面向客戶開發，而Berkeley SkyDeck則是協助新創成長並且取得人才、資金。

商業模式與氣長與否，
是新創撐過疫情考驗的關鍵

　　黃威霖是矽谷新創 LearningPal 的共同創辦人，LearningPal 為手寫文件數位化的解決方案提供者，可以處理包括英文、西班牙文、日文等多種文字的需求。目前主要的應用端在金融業，包含許多日本的大型銀行；物流業，主要為歐美的物流公司；與工廠內有許多手寫文件需求的製造業。面對疫情的衝擊，黃威霖指出，由於投資人仍然傾向於面對面了解新創企業與團隊，因此在疫情期間，對於新創團隊的募資較為不利，但隨著疫情成為新常態，也有越來越多投資人透過 Zoom 來評估案件。

　　以 LearningPal 為例，由於歐美、日本等國受疫情影響嚴重，許多本來預計執行的案子都因此停擺，即便在疫情好轉後，生意陸續回溫，但這仍是考驗新創商業模式與氣是否夠長的重要時機。

　　曾分別在倫敦大學學院與柏克萊求學的黃威霖分析，英國與美國的教育方式不同。由於沒有固定的教材，英國菁英教育重視的是訓練探索與獨立思考的能力。美國的菁英教育則與台灣比較接近，相當密集的作業與考試，整個學習步驟相當緊湊，屬於就業導向的人才訓練，這也可以提供給新創人才在求學方面的參考。

　　透過線上教育進行多樣學習的黃威霖指出，線上與線下教育對他而言並沒有巨大的差異，線上教育的優勢在於學生可以選擇對自己最有利的時間點上課，更有效率。當然，許多需要實體進

行的社團或專案的確停擺，但是仍可以透過固定的區域性聚會與線上聚會，滿足面對面建立關係的需求。

═ IC筆記／詹益鑑 ═

　　跟Austin認識是源自於他多年前曾服務於台灣新創公司「行動貝果」（MoBagel）並派駐矽谷擔任企業客戶與策略夥伴的開發工作，當時只知道他有多國的求學與工作經驗，但沒有想到他在學研領域跟離開學術路線加入新創生態圈的過程，其實跟我從醫工學界與生醫創投的背景進入台灣的網路新創圈非常類似，在我兩年多前來到矽谷之後，也開始跟他有許多的合作機會與交流，尤其在募資、徵才、開發企業客戶或策略夥伴的經驗上，讓我學習不少。

　　除了參與新創公司的創立與營運，Austin在北加也活躍於當地華人社群以及牛津校友社團，並歷經了幾個創投基金的實習工作，跟牛津校友共同募集了Oxford Angel Fund的第二個微型創投基金。這其實也是矽谷典型的創業者與投資人雙模工作型態，許多在新創公司或科技企業的工程師或經理人，其實都有參與早期投資的專案，無論是擔任天使投資人或參與創投基金的運作或募集，因為有位在談判桌兩邊的經歷，因此日後無論是以創業者或創投角度進行募資、投資或出場時，都會比較顧全雙方甚至多方的期待與角色限制，比較能找到兼顧共同利益、長期能合作的方案。

訪談連結：https://open.firstory.me/story/ckjmoxa2yn0la0893gtn1o1hm

29

從台灣到矽谷的區塊鏈創業之路

專訪胡耀傑／圖靈鏈創辦人暨執行長

　　1996年生的胡耀傑（Jeff Hu），在年紀輕輕的二十多歲，已是連續創業三次的創業家。胡耀傑從小便立定志願到美國求學，成為一位造福社會的發明家，當許多年輕人在就讀大學的十八歲，還在找尋未來方向的同時，胡耀傑的第一個創業已然在香港發生。胡耀傑的每一個創業，幾乎都是以技術長的職位，展現其精湛的技術能力。第三個創業，也就是現在的圖靈鏈，更選擇了正在趨勢上的區塊鏈議題，開創新趨勢、新商業模式。他的創業契機，與身為創業家的深入觀察，值得我們參考。

　　2017年4月，胡耀傑用獎學金購買了人生第一個比特幣，並在兩週後以超過25%的獲利售出，讓他體驗到原來創新科技也能帶來獲利。隨著區塊鏈趨勢的起飛，胡耀傑決定利用區塊鏈發展真正有價值的硬需求。

　　「2018到2019年，我在申請學校的過程中，發現需要提供過去的畢業證書這件事情，幾乎各校都相同，而且證書的申請過程

相當繁瑣。當時我在想，如果這些事情的準備，只是為了讓學校驗證學歷真偽，那是否可以透過數位系統的過程，解決這個繁瑣的問題。」2019年，圖靈鏈正式誕生，以區塊鏈為核心，透過傳統紙本證書加密數位化，解決數位世界假資訊與假訊息的驗證問題。

技術不是挑戰，商業模式才是真功夫

技術對胡耀傑來說從來就不是挑戰，但商業模式卻是他認為最難克服的瓶頸。胡耀傑認為，在投入產品研發前，一定要先了解市場的需求，再進行開發。否則等到產品問世，才發現市場需求不同，以技術為核心的團隊，又較缺乏對外溝通的能力，這時候團隊就會遇到瓶頸。

以圖靈鏈的數位證書為例，即使廣義來看，大家都知道數位化是未來的趨勢，但是當團隊找上柏克萊，推薦其使用數位畢業證書時，學校的回答竟然是：「這是很棒的技術，但是學校可能要十年之後才會採用。」剛開始挫折連連的商業推廣過程，跟無止境的免費試用，都讓胡耀傑倍感打擊。

想要用什麼樣的角色退休？

決定回到台灣後，胡耀傑不斷掙扎於，是要繼續專注於圖靈鏈的創業，或者選擇成為薪水豐厚的技術顧問？直到有人問他：「想要用什麼樣的角色退休？」這才讓胡耀傑重新思考，並確認

自己想成為「影響世界的創辦人」。

　　針對目前的創業，胡耀傑也從過去技術長的角色，轉變為執行長，不再只專注於技術，更專注於團隊。談到圖靈鏈的優勢，胡耀傑笑著說，第一、公司研發及產品推陳出新的速度很快；第二、團隊銷售產品的能力也相當不錯；第三、便是一直能招募到優質的人才，這也是圖靈鏈相當自豪的優勢。

許多新創都求才若渴，圖靈鏈怎麼找到優質的團隊？

　　胡耀傑說公司對人才要有正確的心態，在公司的不同階段，本來就會需要不同的人才加入，圖靈鏈不要求一個員工進到公司就是一輩子，但是在面試時，會讓面試者思考，想要跟公司一起走多久？由於胡耀傑本身是具有領導魅力、喜歡與人相處的領導者，他說，有很多招募進來的新人，都是剛好聽過他的演講而來。擁有共同理念、喜歡相同文化的員工，對胡耀傑來說，比能力更重要。

台灣、矽谷創業環境大不同

　　在矽谷與台灣都具有創業經驗的胡耀傑指出，兩個地方的創業氛圍相當不同。在矽谷，你只要發信就能夠找到許多創業家一起喝咖啡對談，並且願意透明地分享技術與專業。但剛回台灣時，許多人覺得胡耀傑只是個陌生人，不太願意花時間與他交

流。雖然後來發現台灣也有一些相當熱血的創業圈，但是在開放程度上還是有所差異。

此外，台灣投資人給新創的估值主要立基於過去的營收表現，而矽谷的投資人則因為對品牌的信任，願意給予極高的估值。在台灣仍以家族企業接班為主，覺得創業是資產，希望由第二代傳承，美國則相對鼓勵多元的市場發展。

截至目前為止，胡耀傑已順利與台灣超過一百家教育機構合作，版圖並擴展至全球九個國家及地區，包括美國柏克萊法學院、美國哈佛大學MakeHarvard賽事、義大利政府Erasmus+志工證明、日本最大程式競賽平台Code for Japan、協助日本總務省的活動主辦平台HackCamp、台灣大學國際事務處、清華大學等，都已是這套認證系統的使用者。

什麼是圖靈鏈接下來的挑戰呢？

胡耀傑指出，目前有三條可選擇的路，第一條是把產品轉型成為跨國數位身分系統（Digital Identification, DID）的運用。第二則是在人資產業擴大數位人才庫的分析與媒合，第三條則是擴展國際市場，以日本與印尼為第二總部進行國際布局。每條路都需要更堅實的團隊與商業布局，也絕對是胡耀傑創業更大的挑戰，讓我們期待有「區塊鏈天才」之稱的胡耀傑，持續創造區塊鏈領域的台灣之光。

══ IC 筆記╱詹益鑑 ══

　　如果沒有意外，Jeff 應該是「矽谷為什麼」最年輕的創業者與受訪者。從 Facebook 上的朋友開始，我們時常交流區塊鏈在教育與產業的應用可能性，也因為同樣在柏克萊校園進行研究與創業，讓我們有了共同的話題與交集，卻因為疫情而讓我們錯身而過，當我抵達矽谷時，Jeff 已經回到台灣，並在台灣與東南亞拓展業務、募資。

　　雖然非常年輕，但 Jeff 扎實的創業經歷與技術背景，讓他在台美兩地都有很多支持他的朋友。而將區塊鏈應用在數位證書的認證上，在合約簽署跟應徵流程都已經全面電子化與遠距化的後疫情時代，我認為是重要的剛性需求。有著台灣、香港與矽谷的創業基因，又身處於最適合千禧世代創業的區塊鏈領域，我對圖靈鏈與 Jeff 都充滿了正面的期待。

訪問連結：https://open.firstory.me/story/ckjmoxa3vn0ls0893tliqou8f

30

比特幣趨勢和加密貨幣全球市場需求

專訪黃耀文／XREX 共同創辦人

　　2021年年終，馬斯克透露，除了自己創辦的特斯拉及SpaceX之外，他個人擁有的「三大有意義資產」就是比特幣、狗狗幣（Dogecoin）及以太幣，且特斯拉、SpaceX各自都持有比特幣部位。消息傳來，讓備受重視的加密貨幣全面飆高。2021年甫宣布完成1,700萬美元Pre-A輪融資的金融科技公司XREX共同創辦人暨執行長黃耀文指出，馬斯克大動作購買比特幣的行為，對他來說比較像是行銷動作。他絕對同意對任何公司而言，比特幣是可以長期持有的投資工具，以二十年的眼光來看，比特幣仍具有絕對的漲幅。

　　只是，這一切的動作比較像是想讓特斯拉成為比特幣概念股的一員。就品牌而言，馬斯克更想表達其一直投資於所有人類最頂尖的東西，在未來一百年內會對人類造成改變的東西，從電動車、火箭、衛星到數位貨幣，都要有馬斯克的角色。加密貨幣到底對全球帶來什麼樣的變遷？從2013年便投身金融科技創新的

黃耀文，為讀者娓娓道來。

比特幣短期震盪劇烈，但絕對值得長期持有

黃耀文說，自己從很小就開始學程式，取得台大電機博士學位，是個道道地地的科技人。在2005年創辦了資安新創阿碼科技，當時阿碼科技雖然總部在台灣，但主要的客戶都在美國。2013年，矽谷上市公司Proofpoint併購了阿碼科技，黃耀文後任Proofpoint全球研發副總長達五年，期間帶領團隊研發並推出新產品「針對性攻擊防禦」（Targeted Attack Protection, TAP），至今仍被Gartner評為全球第一的企業電郵資安解決方案。

黃耀文於2018年底離開Proofpoint，同年帶著老同事，與XREX另一位共同創辦人蕭滙宗一起成立了XREX。XREX是一家區塊鏈科技新創，總部設於台灣，但專注於區塊鏈於貿易金融之應用，主要銷售於新興市場，如：印度、非洲、拉丁美洲、中東。

黃耀文說，他相信比特幣短期雖然震盪幅度很高，但絕對值得長期持有。他笑著說，從2013年就陸續投資比特幣，他老婆特准到七十歲以後才能賣掉。為什麼比特幣對XREX的主要應用場域──新興市場──是剛性需求呢？在國際上，經營跨境金流的公司很多，西聯匯款、PayPal，甚至剛上市的英國金融科技新創公司Wise都擁有極大的市場。而XREX和這些公司最大的不同，是讓比特幣、以太幣、泰達幣（USDT）等虛擬世界的貨幣，成為不同國家法定貨幣間的轉換媒介。

虛擬貨幣對新興國家而言是必需品

　　以非洲為例，共有五十四個國家，每個國家都有自己的貨幣，不但幣值震盪而且無法互換，在這種亟需美元成為中介貨幣，但中央銀行卻缺乏美元的國家，比特幣不但能填補美元的不足，成為國際商貿的中間貨幣，更因它全球流通性高，在各國要出售比特幣也能快速脫手。

　　你可能會問，那非洲怎麼不使用數位美元呢？黃耀文指出，數位美元的確是種選擇，但是因為當地美元過於匱乏，數位美元的溢價常常是央行公告匯率的一倍以上，而比特幣溢價不高，相對穩定。非洲算是相當早使用比特幣的國家，在當地的流動性相對高，加上持有者相對多元，許多當地的礦工，主要花費都在國內，入手成本相對低，所以只要一些溢價，就願意售出，這也是比特幣在非洲等國成為必需品的重要原因。

　　黃耀文表示，XREX另一位創辦人蕭滙宗是從小就居住在印度的台灣人，曾創辦台灣第一家比特幣交易所，十五歲開始在印度生活、求學，對印度的環境與需求相當了解。新興國家的移工散居全球各地，有將薪水寄回家鄉的需求，相準此一商機，目前XREX已和印度一間擁有電子錢包和支付執照的公司合作，訓練九千多家雜貨店，未來，移工和其在新興國家的家人，就能透過相似的模式，以數位貨幣為工具，把錢送回家。

合規很重要，但反洗錢機制更重要

除了個人金融交易，XREX目前最主要的服務仍屬中小型企業用戶，台灣本身擁有強勢的央行及銀行系統，許多業務已不需加密貨幣。但是在某些新興國家，沒有強勢管制力道的央行及主管機關，所以他們對加密貨幣有更高的需求。XREX幫助中小企業，透過其平台快速地清算，利用比特幣或數位美元進行跨境支付，並可一鍵轉換成美元從銀行提領結算，加快現金流並持續擴大規模。XREX屬於錢包對錢包的交易，少了中間銀行的角色，因此平台同時就扮演中間銀行的角色，並對接傳統金融體系。

如何確實防堵交易平台被駭客入侵，一直是企業對於平台的疑慮。資安背景出身的黃耀文說，反洗錢沒做好，第一個被抓去關的就是他。XREX在監管科技（RegTech）上做了許多努力，比如和被萬事達卡（Mastercard）收購的數位貨幣資安公司CipherTrace合作，追蹤金流並過濾全球的「黑名單」，讓恐怖組織、軍火公司、槍砲毒品、政治人物摒除在可開戶類別之外；另外，公司也做多重嚴密的攻防機制，讓駭客無法輕易攻破。對黃耀文來說，合規很重要，但反洗錢機制更是重要。

面對全球金融科技市場爆發式成長，XREX在全球市場中，已占有無可取代的策略地位，期待這個立足台灣的金融新創，能成功帶領台灣拓展金融業的新航道。

═ KT筆記／謝凱婷 ═

　　Wayne是個充滿熱誠又虛懷若谷的連續創業家，也是影響我投入 Web 3.0 投資領域頗多的前輩導師。幾次跟Wayne深聊 Web 3.0 的未來發展，他詳細地解釋整個新興市場和加密貨幣全球生態系，從市場的需求開始談起，一路聊到比特幣和加密貨幣對於新興國家的重要性。身為全球知名資安專家的他，用非常具體、簡單的方式解釋區塊鏈技術和防駭客的重點方法。如同 Wayne 所說，區塊鏈和加密貨幣是因為看到了問題和需求而發展的技術，解決了許多區域經濟的問題，必須試著跳出舒適圈，用客觀的換位思考，即可看到市場的迫切需要程度。

　　Web 3.0 正用各種不同的面貌席捲我們各種產業，未來的世界將是新市場與舊市場的無縫接軌，傳統與創新的金融體系將融合，加上各國政府正逐步制定法規，讓加密貨幣市場不再存在於體制外，而是在更安全與合規的環境裡蓬勃發展。同時，資訊安全技術越顯重要，如何防堵詐騙和洗錢會是重大的課題。期待擁有世界級資安技術的 Wayne 帶領著XREX 為 Web 3.0 創造一個安全又創新的世界級加密貨幣平台。

訪談連結：https://open.firstory.me/story/ckls04y9h548x0854dvz5gzsr

31

從珍奶走向AI飲品機器人的創業之路：百睿達善用台美跨國資源開創高速成長

專訪徐浩哲／百睿達創辦人

　　從泡沫紅茶到小籠包，台灣美食逐漸走向國際化，茶飲不僅在台灣是稀鬆平常的創業題目，在美國更已進入主流市場，開創每年50至80億美元的成長動能。飲料自動化設備商百睿達（Botrista）創辦人徐浩哲（Sean）用一個不同的角度進入這個創業市場，受到宏碁電腦共同創辦人黃少華的啟發，體認到機器人目前尚屬於工業型應用（Industrial Robotic），如同過去宏碁、華碩等從工業電腦進入消費性個人電腦世代的歷程，總有一天機器人會普及，過程中，商業型機器人（Commercial Robotic）的階段必然存在，這十年更是極佳的發展機會。在特斯拉草創初期便加入團隊的徐浩哲指出，師法特斯拉經驗，開創領先產業的核心技術是百睿達目前的主要目標。被問到離開特斯拉覺得很可惜

嗎？徐浩哲豪氣地說，雖然特斯拉漲很快，但百睿達將會漲得比特斯拉更快。

從小在台灣土生土長的徐浩哲，畢業於交大、清華，從小就喜歡發明東西參賽，回憶小時候就曾經發明利用太陽能板驅動風扇的帽子。大學畢業後更沒有停止創意的無限發展，在過去沒有創業課程的時代，徐浩哲每年以參加三、四十場的比賽來磨練，更把獎金存下來，成為每次發明設計的基金。當時徐浩哲的設計主要集中在解決生活問題與機器人相關的領域，在過程中深感台灣市場的侷限，決定到美國一搏。

徐浩哲的美國挑戰以求學念書展開，徐浩哲笑著說，在美國求學期間交到許多好友，不改過去喜好，仍積極參加比賽，最讓他印象深刻的得獎作品是發明了在物流過程中受到摔傷也能夠辨別出來的物流系統，得到許多獎項肯定。

在特斯拉學到如何建立商業模式

徐浩哲在特斯拉草創時期便加入成為團隊一員，主要是因能接觸到電池、機器人與生產管理經驗而受到吸引。過程中，徐浩哲見識到資金的實力，企業快速運轉，及許多能力強大的人才。前兩、三年對徐浩哲來說，特斯拉的工作真的相當有趣，在當時有限的人力下，馬斯克讓徐浩哲扛下1,000至2,000萬美元打造出的電池產線。「那時候身邊都是來自柏克萊等一流學府的同儕，大家的創意無限，加上馬斯克不但無所不知，更能聰明地善用各種不同領域的人才，讓團隊激發出更多創意的火花，」徐浩哲

表示。

　　一般車廠通常五到六年是一個產品循環，而特斯拉的要求卻與iPhone類似，一年要推出一台新車，生產研發進度相當緊湊。「特斯拉設立在矽谷是對的，因為矽谷是個認為犯錯沒有關係的地方，在這種研發速度下，犯錯可以接受，但需要的是隨時調整，快速因應，」徐浩哲表示，「在特斯拉之前，我只是個設計師，沒有規模商模化的經驗，但這個過程讓我快速學習到專案管理、工程與驗證等重要經驗，絕對是我後續創業相當重要的歷程。」

趁年輕！將時間投注在自己真正想做的事情

　　為什麼離開人人稱羨的特斯拉？隨著公司不斷成長，內部流程變得相對複雜，加上很多出差、協調的工作，讓徐浩哲思考應該趁年輕，將時間投注在自己真正想做的事情。徐浩哲相當有自信地說：「很多人都覺得很可惜，但我敢確認百睿達可以漲得比特斯拉還快。」

　　又為什麼投入茶飲自動化的產業？徐浩哲表示，看到身邊很多人投資茶飲店，不但賺到錢，市場還持續不斷擴大。過去以亞洲消費者為主的泡沫茶飲，現已成為美國的主流飲品。本來想投入相關飲品產業的徐浩哲說，進一步研究後發現了另一個食品產業的問題，整個產業的損益結構中，人力成本不斷攀升，而且人也不好找，這讓徐浩哲找到商業型機器人在茶飲產業的切入點，成立百睿達。

把一個核心技術做得很厲害，讓競品望塵莫及

　　找到切入點後，一開始徐浩哲思考百睿達要做服務供應商還是自有品牌，考量募資階段，市場與規模仍是關鍵核心，決定採用特斯拉專注於電池管理系統的主要思維，「把一個核心技術做得很厲害，讓競品完全跨不過。」徐浩哲說，現在百睿達有一個神祕方程式，可以在二到四年內擴充超過上萬個店點，當店點超過三萬，便可以透過坐擁大數據，快速建立並複製品牌。

　　那什麼是百睿達的科技核心？徐浩哲說百睿達的科技核心是將濃稠液體做到比現在更好的配置，而且市場沒有競爭對手。天然蔗糖、蜂蜜等天然糖漿，其濃稠度是可樂的一百倍以上，目前市面上一般的產品都無法處理這種天然糖漿，使得店家不得不使用濃稠度低的玉米糖漿等基因改造成分來製作茶飲。

　　透過百睿達的產品，不但能解決茶飲店過去使用天然原物料的瓶頸，也能累積溫度、黏稠度等數據，透過演算法解決過去物流成本問題，讓茶飲製作變得很科學。「我們要讓公司的核心技術領先產業、市場至少五年以上，目前先應用於飲料業，之後可以應用到沙拉醬等多元的食品商用自動化，」徐浩哲指出。

台美跨領域、跨國合作開創領先優勢

　　在美國要有競爭力，跨領域、跨國際的合作很重要。百睿達供應鏈的生產主要位於台灣，台灣擁有極佳的自動化與食品產業專業，公司也願意提供與美國同等的薪資投資人才，百睿達很多

產品都以一百天內完成為目標，高速前進，希望以速度做到硬體模組化、軟體客製化的商業服務。

2019年底百睿達正準備大展身手，卻突然遇到疫情來襲，徐浩哲笑著說，創業就要盡量樂觀，的確財務上較為辛苦，但也因為疫情，讓公司有一年可以調整體質，迎接疫情後爆發期的來臨，公司更在這段期間，回到台灣找到許多長期合作的好夥伴。

徐浩哲針對許多立足台灣、做全球生意的創業家提出「珍惜、投資人才」的建議。很多人都怕找到的人才比自己厲害，所以，創業者要讓自己變得很厲害，要確認自己真的有武功。而創業前先加入企業接受完整訓練，也絕對是可以考慮的方式，徐浩哲與正在創業路上的創業家共勉之。

═ ＩＣ筆記／詹益鑑 ═

好幾年前認識Sean有兩個緣故，一個是我在研究物聯網新創時開始注意到電動車與智慧車領域，當時在特斯拉任職的Sean成為協助我前兩次參訪特斯拉工廠的內部人士，另一個緣故則是他有一個同樣活躍於新創與投資領域的太太，就是我們另一集專訪的吳欣芳（Momo）。我認識這一對優秀的夫妻將近十年，也在Sean開始投入創業時，就積極且持續地關注。

因為疫情對全球供應鏈與物流的衝擊，百睿達的研發與產品製造受到一定的影響，餐飲業跟實體服務業也遭受無情

的打擊。但隨著經濟重啟，店租與人力成本不斷上升，加上美國人口結構的老年化正在加速、移工人力不斷減少，都讓餐飲業非常需要自動化的設備與商業模式。

在這次訪談後，我持續走訪百睿達跟好幾位投資人，其中好幾位都是我們的來賓。根據這兩年的業績與團隊成長，我幾乎可以很有把握地說，因為 Sean 與百睿達，「矽谷為什麼」的節目名稱，在幾年後會有另一個副主題：「獨角獸創辦者與它們的投資人」。

訪談連結：https://open.firstory.me/story/ckolfyhvm1fq10859dl0d3d2g

32

從學生研究社群到去中心化投資：觀察 Web3 投資典範移轉

專訪侯海琦、黃耀明／Outliers 基金共同創辦人

原本還在大學讀書的學生們一夕之間成為千萬富翁，該如何自處？跟著Outliers讀書會成員二十一人共集資200萬美元投資區塊鏈，在區塊鏈爆發的時間點，成為千萬富翁的Outliers基金創辦人侯海琦（Poseidon Ho）說，當時還在麻省理工學院就讀的同學們，在知道取得大量財富後，幾乎同時休學，拿著錢往自己早就計劃好的夢想藍圖前進。但不同於其他同學，侯海琦卻無比焦慮，過去國中考高中、高中考大學的過程，讓他沒有仔細想過自己要做什麼。成員中，唯獨具有創業家本質、正面且擁有高組織性的侯海琦，靠著過去累積近千篇白皮書的敏感、專業度，加上豐厚的社群資源轉進創投領域。相較於傳統的創投多半由學者和金融界資深從業者組成，這個由學生起家的Outliers基金創造了三年內十到二十倍超乎想像的獲利成績，在過去曾為阿碼科

技共同創辦人的黃耀明（Matt Huang）加入團隊後，更是如虎添翼。兩位創辦人與讀者分享Outliers的創辦與心路歷程。

合夥人間的惺惺相惜：Outliers持續成長的重要關鍵

來自台灣大學資管系的侯海琦如同Outliers字面上的意思，在學時期也是一名異類，包含大二在世界各地參加十二場程式及設計競賽，大三整年在北京「圖靈機器人」創業公司從實習生做到首席設計師，大四整年在麻省理工學院媒體實驗室研究蟻群集體智慧（Ant-Inspired Collective Intelligence）發表六篇學術論文，從程式、設計到學術研究都有涉獵。

另一位創辦人黃耀明，是XREX創辦人黃耀文的弟弟，畢業於史丹佛大學MBA，是阿碼科技的共同創辦人，專長於產品開發和財務營運。黃耀明說從小就相當喜愛程式設計，高中時出國念書，經濟學教授開啟了他除了工程以外的商業世界，發現竟然有這麼多不同的貨幣政策與金融商品，更激發其對商業模式與財經領域的興趣。黃耀明自台大畢業後，於台揚科技擔任董事長特助，因緣際會成為企業創投基金的早期成員，這個經驗，讓黃耀明看到許多投資案例，不但見識到矽谷創業團隊的高度創新，也激發出自己創業的渴望。黃耀明後於史丹佛大學取得MBA學位，與哥哥共同創立阿碼科技並擔任營運長，後被美國那斯達克上市公司Proofpoint收購。黃耀明在併購後繼續留任，成功讓Proofpoint雲端資安產品的業績從300萬美元成長到3.5億美元。他不但擁有從零到一的創業經驗，更擁有讓成熟產品快速成長的

經驗。

在黃耀文的引薦下,黃耀明與侯海琦第一次見面一聊就是七小時,有種相見恨晚、惺惺相惜之感。侯海琦說,要不是因為遇到黃耀明這麼資深的創業投資人,他不會開始Fund III這支超出自己能力的基金,兩個人互相加乘的團隊默契與合作,成為Outliers重要的營運核心。

以研究為導向的學生興趣小組,
兩年內獲得十六倍的投資收益

Outliers在數學統計上是「離群值」的意思,也用來形容格格不入的「異類」,如同Outliers這個從成立到壯大,都和所有傳統創投機構非常不一樣的團體。

2016年侯海琦在麻省理工學院媒體實驗室修了一門《科幻原型設計》課程,這門課前七週讓學生們大量閱讀科幻小說、看科幻電影,後七週則是將科幻啟發的靈感,通過技術手段進行原型設計。每一年都有學生及其作品,被Google X、迪士尼研究中心(Disney Research)、奇點大學收購或孵化。

侯海琦集結課堂與實驗室朋友,成立#OUTLIERS學生興趣小組,希望能延續更多將科幻轉化為科學現實,甚至是科技創業的實踐。這個社群越來越多人開始創業,但因美國證券交易委員會(Securities and Exchange Commission, SEC)限制淨資產低於100萬美元的個人,不能投資未上市公司股權,於是侯海琦就在這個社群裡,發起在以太坊(Ethereum)用以太幣進行投資,也

因此接觸到許多基於以太坊的區塊鏈項目。

　　一週之內在社群裡募到了200萬美元，揭開了第一期基金（Outliers Fund I）的序幕，貢獻資金的是平均年齡二十歲的二十位學生基金投資人（LP），並推選侯海琦作為基金管理合夥人（GP）。從2016年暑假至2017年暑假，這二十一名學生一共研讀了八百八十篇區塊鏈白皮書、代幣經濟模型、智慧合約（Smart Contract，又稱智能合約），替一百六十多間區塊鏈公司提供服務，並將200萬美元投向三十二間創業公司。

　　截至2017年底，他們投資的三十二個原生代幣（Native Tokens）都上了交易所並成為可流通的加密貨幣，沒想到原本的200萬美元變成了3,240萬美元，於是這二十一名學生商討一起退出並變現，侯海琦作為基金管理合夥人獲得了600多萬美元的表現分成（GP Carried Interest），每位學生當初投資10萬美元，並在七個季度後拿回了131萬美元，第一期基金以超過十六倍的報酬出場。

從創投基金、創投加速器，
逐漸走向去中心化自治組織

　　2018年初，參與第一期基金的二十一名學生決定一起休學並搬到矽谷集合，當初#OUTLIERS這個研究社群，變成了更多創業兄弟會與創業公司的集合體。侯海琦看著最要好的幾個同學紛紛投入創業，但自己並沒有非常受感召的創業題目，於是就拿出了100萬美元將當初的學生社群，註冊為正式的Outliers Fund

（創投基金）、Outliers Lab（創投加速器），希望維繫這個社群的能量，互助並長期支持彼此創業。

第一期加速器（Outliers Lab #1）是侯海琦從當初參與指導的一百六十間區塊鏈公司裡，選出九間，並在半年內，帶他們前往亞洲、中東、美國共十二城市進行人才及募資說明會（Roadshow），不僅在途中額外招募了六間創業團隊，侯海琦幫助所有創業團隊募集共超過1億美元，截至2022年，一間公司被收購，另外兩間正在申請上市，以加速器項目為主要投資標的的第二期基金（Outliers Fund II）也在十個季度內以超過十一倍的報酬出場。

基於第一期基金、第二期基金與第一期加速器的投資和孵化經驗，第三期基金（Outliers Fund III）除了侯海琦，有兩位更資深的投資人黃耀明、前麻省理工學院媒體實驗室總監伊藤穰一（Joi Ito）加入管理與投資決策，由New Horizon Capital、Chengwei Capital、DFJ Draper Dragon等傳統投資機構，加上以太坊、Conflux、XYO等Web3生態系基金投資，基金規模約為5,000萬美元。

最振奮人心的是：第三期基金正在轉型成為Outliers VC DAO*，通過Syndicate†將所有股權、幣權、NFT投資紀錄呈現在鏈上，公開讓所有投資人查看；基於Dework‡將管理費轉為所有

---

* DAO意指去中心化自治組織（Decentralized Autonomous Organization）。
† Syndicate是一個DAO建立平台。
‡ Dework是一個Web3原生的專案管理工具。

DAO成員都可以參與貢獻的動態激勵機制；並將基金治理、基金條款、項目推薦、項目分析、項目退出等營運流程部署在去中心化智慧合約上，不僅讓基金運作更有效率、更透明化，也將為「以集體智慧驅動投資的去中心化自治組織」樹立一種新型態的投資典範。

台灣區塊鏈團隊需要從創立第一天就知道「全世界都是你的市場」

台灣的區塊鏈創業者應該如何接觸國際投資人？侯海琦認為，台灣許多原生的區塊鏈團隊本質都相當具有國際觀，但關鍵在於是否可以於高度競爭的國際市場中，建立獨特的利基點。新創團隊需要從創立第一天就知道「全世界都是你的市場」，而根據過去的經驗顯示，成功的區塊鏈團隊，都有一種對自己正在做的事情，具有「高度信心」的特質。市場的質疑與挑戰，相信將隨著時間的教育漸趨成熟，但這個之前要勇敢做個「Outliers」。

正面看待中國、美國對區塊鏈的監管與法規衝擊

面對中國、美國對於區塊鏈的監管與法規衝擊，侯海琦相當正面看待，認為這將讓整個生態系長期更健康、健全。美國意識到未來的競爭力來自科技，證券交易委員會新任主席詹斯勒（Gary Gensler），過去是麻省理工學院商學院教授，專精且相信

區塊鏈與加密貨幣，並積極推動其正規化。黃耀明則表示，清晰、明確可循的法規更可以讓產業成長，也讓消費者受到保障。

「我們確信我們正走在正確的道路上，這個產業變化相當快，幾年前許多大企業對於加密貨幣還懷著相當遲疑的態度，但現在，包括Google、Facebook都宣稱需要持有一定程度的虛擬資產，而這正是Outliers創投基金正在做的事情，我們也希望在法規逐漸明確的趨勢下，讓整體市場有個合理的修正，在這過程中，更可以找到值得長期投資、長期營運的好公司。」侯海琦和黃耀明為這個充滿挑戰的Outliers創投之路做出未來的展望，我們也期待Outliers做出更爆炸性的成績。

═ KT 筆記／謝凱婷 ═

我很享受「矽谷為什麼」訪問來賓的時刻，每每都覺得是在參與每個來賓的過去、現在和未來故事，開啟了我在各個領域的視野。在跟Poseidon和Matt錄音的這集，我們聊了很多加密貨幣的量化分析方式以及區塊鏈的未來趨勢。聽Poseidon講話，其實很難想像得到他只是一個二十六歲的年輕人，但已經在區塊鏈領域有兩次成功的出場經驗，並深入研究加密貨幣多年，有著深厚的經驗和人脈。Matt則是在資安領域非常成功的創業家並有豐富的創投經驗，說話條理分明又謙虛，給人非常溫暖又踏實的感覺。當一個年輕又有衝勁的年輕創業家遇上身經百戰的創業投資家，真的是完

美組合，能激盪出最燦爛的火花。

　　我很佩服 Poseidon 和 Matt 的創業精神和精準投資眼光，身為投資人最重要的就是對未來趨勢的掌握度還有各方面的仔細評估，才能在高風險中求勝。特別是 Web3 正以驚人的速度席捲而來，深入影響各個產業的發展，但也充滿著未知的風險，謹慎評估尤其重要。第一次聽到 Poseidon 在麻省理工學院的故事，他號召了眾多同學一起投入在加密貨幣的研究，並且用精細的分析表格和問題來仔細觀察每一種加密貨幣的優缺點，用量化分析的方式，計算投資加密貨幣的金額高低和持有風險，最後成功獲得兩次高倍數的出場。這真的是很勵志的故事，也是在區塊鏈投資裡，最基本又最重要的因素，要如何看到未來，又能謹慎評估各項基礎條件和勝出因素。期待 Outliers 能打破更多國際之間的藩籬，看到更大更寬廣的區塊鏈世界，再挑戰更多的勝出！

訪談連結：https://open.firstory.me/story/ckuiaog0mba7s0858fecl8lie、
https://open.firstory.me/story/ckuo1i9r72rva0926p36bceuk

33

智慧家居產品Google Nest從零到一的創新故事

專訪洪福利／前Google Nest台灣研發中心負責人

　　目前擔任天使投資人和職涯顧問，前Google Nest台灣研發中心負責人（Nest Taiwan Site Lead）洪福利（Felix Hong）對台灣消費性產業的參與者來說應該並不陌生。從大學時代的迷惘，進入鴻海蘋果團隊，2011年加入矽谷物聯網新創Nest Labs成為台灣第一號員工，2014年被Google收購後成為Google Nest台灣研發團隊負責人（Nest Taiwan Site Lead），即便多次歷經Google硬體部門組織調整，依然持續率領Google Nest台灣團隊面對種種挑戰。2020年離開前後任職十年的Nest及Google台灣，轉為天使投資人與新創、職涯顧問。談話風趣，故事高潮迭起的洪福利，用其職場故事，解析如何挑戰自己，成為難得的跨領域人才。

洪福利出生於台灣，十一歲移民多倫多，後來於多倫多大學（University of Toronto）就讀材料工程系。「老實說，我大三的時候就被當掉，我真的對於材料工程沒有興趣，想要轉念有興趣的政治、新聞卻需要重補太多學分，只好作罷。」「畢業後，人生很迷惘時，爸爸叫我回台灣，做什麼都好！幸好我照做了，」洪福利笑著說。

回想當時的決定，洪福利說，很多人遇到人生卡關，都覺得一定要三思而後行，殊不知，其實想越久越卡關。「當你面對人生路口猶豫不決時，經常反覆想遍了各選項的正反面，說到底是一種對未來的不安與對自己信心不足。我給年輕人的建議是，與其躊躇不決不如先行動，只要有行動就會有回饋。回饋帶來的刺激比起空想更有參考價值。說不定想通了，整個人生就動起來。」洪福利為其迷惘的年輕時代，下了一個相當激勵的註解。

蘋果工程師各個學經歷豐富，但工作卻比一般人更認真

因緣際會下，進入鴻海派駐深圳的蘋果團隊，洪福利說，雖然對於工作內容起初並不清楚，但年輕就是本錢，只要願意行動就是開始。當時於富士康合作的客戶就是蘋果，最主要的產品為年出貨量上千萬台的iPod，工作過程與蘋果工程師有相當緊密的合作。洪福利說，以當時社會新鮮人之姿進入富士康，與蘋果合作，三個至今讓他相當難忘的經驗是：

1. 蘋果的工程師各個學、經歷豐富，但工作的認真程度令人驚訝。從美國經過長途飛行來到深圳的蘋果工程師，常常一下飛機就拖著行李進工廠，沒有休息馬上工作，從早上九點密集工作到凌晨，工作態度相當認真。

2. 鴻海能在製造業占有領導地位，其對於流程的講究、紀律與執行力絕對不在話下，但蘋果的工程師卻時常在討論中打破並挑戰鴻海的流程，他們更從來不接受「這是公司規定」的理由，打破框架的思考模式，也對洪福利產生巨大的衝擊與學習。鴻海與蘋果合作的這個團隊能夠這麼厲害，蘋果功不可沒，透過不斷地挑戰，互相衝撞出高度流程化與創新思考的新火花。

3. 蘋果團隊相當重視細節，鴻海對於紀律、執行力的嚴格要求，有許多相同基因，是這兩個企業如此高度契合的主因。

但二十幾歲的洪福利，年輕氣盛，在工作三年後，認為自己應該可以有更多可能性，決定辭去鴻海的工作，和也在鴻海任職的太太回台灣繼續發展。與此同時，他太太接到前蘋果工程主管的電話，邀約到台北碰面吃飯。陪著太太一起赴會的洪福利，自此開始另一個高潮迭起的新創之旅。

與NBA團隊一起打球，在一個個危機中提升自己

洪福利回憶2011年加入Nest的那段緣由，當時Nest剛創立沒多久，是貨真價實的「車庫創業」，初期的前三十位員工，都是從蘋果、微軟、網景等公司離開的高材生。洪福利說，延續蘋果相當保密的傳統，一直到真正任職前，即使已經簽訂保密協議（NDA），還是對這家新創公司要做什麼產品一無所知。

但是，洪福利說，當時沒有經濟包袱與家累，機會成本很低，加上能與這些矽谷頂尖的工程師一起工作，就像被邀請加入NBA球隊，必定能提升自己的專業能力與眼界。因此跟老婆連薪水多少、股票怎麼分都沒談，甚至公司產品都還不知道就點頭了，成為Nest在台灣的第一號員工。

他說：「公司創辦人東尼・法戴爾（Tony Fadell）在公開演講時曾說Go work with your heroes，我們當時就是這樣，單純是想要與最優秀的人一起共事而已。」

洪福利說，Nest團隊維持蘋果的傳統，相當重視細節，由於成員多是從蘋果跳槽而來，即戰力超強，一切的產品規劃都以蘋果思維為準。團隊人數雖然不多，但都是業界的老手，一人當三人用。當時硬體人數不到十人，速度卻很快，是相當高壓的工作經驗。

從上市到併購，年年有危機與挑戰

在創業的過程中，並非一路順遂。洪福利說，在Google併

購前，Nest不只一次遇到生死關頭，幾乎每年都有危機。譬如當時第一代產品開發過程困難重重，在不斷延遲後，千呼萬喚始出來。當時包括《華爾街日報》（*The Wall Street Journal*）等重要媒體都準備曝光，通路也為即將到來的黑色星期五與聖誕銷售熱潮，做好產品上架準備。但在正式宣布的三天前，第一批產品已出貨至美國，卻臨時發現一個重要元件產生問題。當下只剩洪福利與兩位美國同事在生產現場處理危機，立刻分析不良現象，設計實驗，蒐集數據，提出風險評估與應對策略，幾乎兩天都在工廠裡沒睡。即使後來問題順利解決，但是對他來說，卻是在一個個危機中挺過來的難忘經歷。

Google收購Nest的過程對洪福利來說也是相當難忘的經驗。2014年1月，某天台灣時間下午，洪福利接到一通主管從矽谷打來的神祕電話，「Felix，其實我不應該打這通電話的，但是我擔心若不私底下預先跟你說一聲，台北的員工可能會錯過消息。請提醒大家可能會在台北晚上九點、十點收到一封緊急郵件，有重要事項向全公司招開大會。」當時即將臨盆的老婆直覺一定不是什麼好消息，可能是公司或者台灣團隊要解散。

當晚，矽谷總部因為辦公室沒有足夠大的會議室容納全員，特地包了電影院裡的一個廳，創辦人法戴爾上台說：「我們現在要做出重大抉擇。事實上公司的財務狀況還不錯，就算只靠募來的資金還能繼續健康地經營下去，但現在有一個機會，可以讓我們裝上火箭，接受更大的挑戰，更快速實現夢想的藍圖……」接著Google創辦人賴瑞‧佩吉（Larry Page）走上台，宣布Google將以32億美元收購Nest！

　　洪福利說，即使佩吉在收購時曾說，Google將不會干涉目前Nest正在做的事情，主要是提供資源讓公司做想做的事情，但是，併購幾乎很少一切順利，還是會有企業文化與DNA需要磨合。

　　在Google併購Nest後，Nest台北的員工也搬進台北101大樓上班，洪福利舉了過程中的一個例子說明當時的文化衝擊。Google辦公室是相當強調開放的空間，但過去Nest在硬體設計的基因卻相當重視保密。當時，洪福利也曾做出非Nest人員不准進入七十七樓辦公室的門禁管制，徒增了與Google同仁的隔閡。現在回想，洪福利說，這是弊大於利的決定，他相信當初應該有更好的折衷方式。

　　另一方面，Google高層善意的「不干涉」，某種程度而言也讓兩個組織減少互相交流的動機，使得技術藍圖、工程資源與產品規劃難以相輔相成。

　　2018年，Google Home與Nest兩個內部品牌整併與組織重整為Google Nest，一個品牌、一個團隊。他從兩個團隊的整合學到了不少寶貴經驗，例如融合兩種不同工作文化與產品開發思維成員時面臨的挑戰。

　　洪福利透過一個個精彩的故事，訴說著自己從大學到Google Nest這一段過程，現在說起來，幽默中帶著雲淡風輕的感覺，但這一段冷暖自知的過程，的確相當激勵，也值得台灣更多對未來有想法或正在摸索中的年輕人借鏡、思考。

══ IC 筆記／詹益鑑 ══

　　這兩年我閱讀不少矽谷創投或天使投資人撰寫的著作，最讓我有啟發的就是在台灣翻譯為《獨角獸創業勝經》這本書。當中除了打破對創業者的年紀、性別或產業經驗的迷思，最關鍵的是提出有過前一次創業出場估值超過5,000萬美元或者創造年營收超過1,000萬美元的經歷，另外則是知名企業的工作經驗非常有幫助。從這個角度來說，Felix雖然不是Nest的創辦人，但身為打造產品並經歷收購合併，又在富士康蘋果團隊、Nest和Google都有工作經歷的他，顯然會是下一個獨角獸的創辦人候選人，或很能挑選出獨角獸的投資人。

　　另一次讓我印象深刻的對話是聊到Google對於管理或僱用軟體與硬體人才的差異時，Felix說道：「在網路公司的軟體人才都是通才（Generalist），例如在Google的工程師常常一年會換好幾個專案，從地圖、郵件、瀏覽器到廣告系統都有可能，開發的工具與程式語言非常廣泛。但是硬體人才一向都是專才（Specialist），做IC設計、主機板、顯示螢幕、電池與機構的工程師，幾乎都是長年在同一個領域而且很難快速轉換。」這樣的洞見，也讓我開始對軟硬整合的挑戰性與複雜度，不管在產品開發、人才招募或團隊管理上，有了深刻的感覺與體驗。

訪談連結：https://open.firstory.me/story/ckvad8f2gbpyu0873l8s94wr8

34

新創公司找到對的商業模式、組成高功能董事會的心法

專訪程世嘉／愛卡拉共同創辦人暨執行長

　　創立於2011年的愛卡拉（iKala），剛開始最為人所熟知的，便是以串流技術為核心，推出線上卡拉OK、直播平台等服務。歷經2015年轉型成為B2B的AI SaaS企業，2018年增加AI數據化網紅行銷服務KOL Radar等多元商務應用後，愛卡拉提供以AI驅動的數位轉型及數據行銷整體解決方案，更於2021年獲選為國發會NEXT BIG計畫九家新創之一。

　　團隊走過十週年，即使過程中，募資並非一路順遂，經歷多次轉折，團隊仍能持續成長。如何領導新創團隊走過十年、從面對消費者（B2C）到企業（B2B）的轉折，如何找到長久的商業模式，如何組成高功能的董事會？愛卡拉執行長程世嘉（Sega）都有一套領悟的心法，透過其不藏私的分享，相當值得新創團隊學習。

　　程世嘉在台灣取得台大資管系學士，並於史丹佛大學攻讀電腦科學，當時在史丹佛大學主要研究因應美國國防部要求的無人車主題。程世嘉說，當時產業內幾乎都還沒有人討論AI這個主題，但實際上學校內已經有一半的人選修AI，就可以想見AI終將成為趨勢。後來，程世嘉於簡立峰推動設立的Google台灣分公司擔任實習生，並因為優異的表現，進入矽谷Google工作。當時程世嘉便透過機器學習的方式，負責Google搜尋中包括簡體中文、繁體中文、英文等語言的搜尋品質與改善，也奠定他在AI應用的扎實基礎。

　　程世嘉說，跟許多在矽谷工作的人一樣，工作一段時間之後，會認真思考到底要在矽谷定居，還是回到亞洲。因為父母的關係，也因為看到亞洲的潛力，決定將所學帶回台灣繼續奮鬥。

　　一開始，程世嘉想到過去矽谷只有兩家卡拉OK，且兩家距離都很遠，看到華人的強烈需求，加上美國人不會選擇這個創業題目，因此，程世嘉決定踏入將實體卡拉OK轉為線上KTV的創業。沒想到，天不從人願，後來商業模式遇到歌曲版權、頻寬太貴等問題，只能宣告失敗。

信任與善良是創業夥伴最重要的條件

　　即使面對失敗與轉折，愛卡拉的創業夥伴還是繼續走下去，程世嘉說，「信任」是他選擇創業夥伴最重要的考量，「我一定要找到善良的創業夥伴，因為創業過程中會遇到很多困難，只有善良能面對一切。」共同創辦人龔師賢、鄭鎧尹、許茹嘉都是過

去的同學，或是爸爸世交的女兒，這一份信任與善良，讓團隊在創業的第一個十年，能互相扶持、榮辱與共，遇向下一個里程碑。

到了2013年，正在思索下一個創業主題時，愛卡拉發現網路直播（Livestream）是個未來的趨勢，當時，包括Facebook等社群媒體都還沒有線上直播（Live）的功能。因此，2014年開始，愛卡拉轉換題目為建立直播平台LIVEhouse.in。果真一炮而紅受到消費者的矚目，許多包括教育、政治、活動的應用都在平台發生，會員更高達三百萬之多。

但是，到了2015年，愛卡拉卻陷入商業模式的困擾，當時網路直播的一些商業模式尚不完整，加上娛樂產業對於愛卡拉來說並非主要的核心能力，因此，在2015年，再度進行了巨大的轉折。在這次的轉變中，愛卡拉決定把面對消費者（B2C）的商業模式轉為面對企業（B2B）的SaaS模式，藉由長期累積的雲端與串流技術，服務企業客戶，也因此開啟了後來進入雲端市場的契機。2015到2018年因為搭上雲端的成長列車，讓營收呈現爆發性成長。

消費者還是企業？愛卡拉的深切學習

走過從消費者到企業的商業模式轉換，程世嘉得到的啟發是，面對消費者是一種算人頭的商業模式，所以當市場的人口越多，訓練出來的人才就越專業。台灣由於語言、地理與人口的限制，對消費者的生意來說的確是種限制。此外，面對消費者的生

意需要做到品牌經營，但是台灣除了網路業外，大部分過去深耕的產業還是供應鏈中的代工品牌，較缺乏面對消費者的品牌經營經驗。因此，沒有大平台與品牌經營的經驗，讓消費者的經營更為困難。

但是，企業用戶的產業對於台灣相對合適，我們可以看到現在很多新創還是朝企業用戶的方向發展，這類型的服務業一直是台灣的優勢。消費者和企業用戶很不一樣，消費者生意看統計數據，但是企業生意看的是每個不同客戶的需求。早期台灣的資金取得真的不易，消費者生意燒錢幾乎都是從頭燒到尾，企業客戶因為商業模式比較明確，比較容易取得資金。

讓網紅行銷成為一門新產業，愛卡拉的下一個成長動能

到了2018年，愛卡拉已經擁有超過四百個中大型客戶，並具有穩固的業績基礎，這個時候，團隊開始尋找下一個成長動能。當時根據Google的發現，數位廣告的費用不斷提升，許多業主都在尋找下一個新的數位行銷解決方案。延續之前面對消費者的經驗，看到網紅的需求度越來越高，因此，團隊開始思考，如何善用既有行銷科技的技術，讓網紅行銷可以量化、分析、測量，成為一門產業。

2018年，愛卡拉正式投資於行銷科技，而第一個選擇的題目就是網紅行銷，提供客戶AI網紅數據行銷服務KOL Radar，讓網紅行銷可以量化，並成為客戶與網紅間的溝通橋梁，透過掌

握客戶的廣告預算，讓網紅行銷成為一全新產業。程世嘉說，
KOL Radar的願景是運用AI組織全世界的網紅資訊，而愛卡拉
的優勢在於其過去累積的網紅經驗、雲端與AI技術實力累積出
來的分析技術門檻。

　　愛卡拉在亞洲的網紅行銷具有領先地位，除了數據與AI技
術，更透過與主流媒體定期發表網紅行銷的趨勢報告，教育市場
的同時，也奠定品牌地位。愛卡拉更與Google、TikTok合作，
互相拉抬，打造市場的領導地位。

　　除了台灣市場，KOL Radar更進軍國際，主要包括日本、馬
來西亞等國家。程世嘉說，以前日本商品要進入台灣，可能需要
找到經銷商與通路，現在愛卡拉可以先透過網紅進行市場測試，
讓日本產品可以快速測試市場，找到利基點。

　　目前愛卡拉在日本設置公司，馬來西亞則是交由當地合作夥
伴進行業務推動，為什麼會有這樣不同的選擇？程世嘉說，日本
是一個相當重視人脈與信任的市場，為中長期的經營，於當地建
立公司與擁有自己的商務開發人員相對重要。馬來西亞則屬於動
作相當快速的市場，只要看到台灣好的東西，就會馬上與你聯
繫。與日本的人脈經營不同，馬來西亞要求的是速度，因此產生
不同的合作模式。但同樣地，除了陸軍的生意開發，愛卡拉仍於
當地與媒體合作進行趨勢報告的曝光，透過空軍建立長期的品牌
知名度。

每一個階段需要不同的董事會組成

　　說到愛卡拉如何組成高功能的董事會，程世嘉說，新創團隊董事會的組成與投資人高度相關，所以在選擇投資人時需要特別謹慎。在董事會的合作上，程世嘉說，創業的第一到五年，我們希望董事會給予團隊較大的空間，所以董事會成員最好找到願意支持年輕人的人。愛卡拉在募資過程中因為幾次的轉變，並非始終順遂，但程世嘉與團隊相信，天下之大，一定會找到相信團隊調整與決心的投資人，這也成為愛卡拉創業前五年對董事會的要求。

　　但是當公司到了第五到十年，便需要董事會擔任起教練的角色，期待董事會可以擔綱在營運、人才、策略、資金等層面的指導者。所以每次開董事會，團隊都會很具體地告知董事會，希望其能協助帶進人脈與客戶資源。前 Google 台灣董事總經理簡立峰擔任愛卡拉董事對程世嘉來說是莫大的榮幸，他認為簡立峰對於同一個主題總能提出相當多元的觀點，對台灣來說是相當重要的存在，更是他事業上的重要貴人。

　　對於接下來的規劃，程世嘉指出，雖然現在 Web 3.0 的討論沸沸揚揚，但是這個趨勢到達高峰後會進行修正。目前愛卡拉還是會先聚焦於雲端與網紅行銷這兩個仍相當具有成長空間的市場。Web 3.0 技術不是問題，但重要的是進入市場的時間點，愛卡拉也會持續關注，務實看待未來的成長機會。

═ KT 筆記／謝凱婷 ═

　　在訪問 Sega 的這集中，可以感受到他所具備的多項創業家特質：對於新事物挑戰的勇氣，願意去承擔帶領團隊的責任，以及遇到挫折能迅速調整方向站起來的試錯能力。他娓娓道來創業的艱辛過程，在尋找商業模式路途中，雖有挫折卻得到更多使公司茁壯的養分。我很感動他在受訪時，不時提到其他共同創辦人和團隊的付出和重要性，這也是一個成功創業家的重要特質，將所有榮耀都歸於夥伴，珍惜且感恩團隊的付出，努力帶領公司一步步走向目標。

　　謝謝 Sega 特別分享董事會的組成心法，如何在董事會和管理團隊之間有著完美的平衡，將股東和董事們的能量灌注在管理團隊裡，除了讓董事會肩負監督者的角色之外，也是資源嫁接者，協助公司連結更多外部資源。Sega 也談到他與簡立峰老師的師徒情感，以及立峰老師如何用多年的經驗來協助 iKala 走向另一個高峰。本次訪談非常精彩，對於還在迷惘的創業者或是已經邁向成功的創業者，都可以仔細閱讀和聆聽，相信可以從 Sega 身上獲得更多的創業能量和勇氣。

訪談連結：https://open.firstory.me/story/ckwued7vz0hc40957jlbnmhom

35

台灣Defi項目的創新發展，打造區塊鏈生態圈

專訪馮彥文／波波球共同創辦人

　　DeFi為去中心化金融（Decentralized Finance）的簡稱，相較傳統需要仰賴銀行且受到政府高度監管的中心化金融（Centralized Finance, CeFi），DeFi是顛覆傳統金融業的未來趨勢。馮彥文是波波球（Perpetual Protocol）共同創辦人，亦是連續創業家。波波球主要專注於開發區塊鏈上國際化的DeFi服務，同時是台灣少數在國際上有能見度的DeFi團隊之一。馮彥文指出，現在正是創業家的黃金時代，台灣團隊不能只專注於台灣市場，創業題目應放眼國際。除了波波球之外，馮彥文更透過天使投資協助台灣新創，只要與加密貨幣、DeFi、SaaS相關的主題，都可協助更多台灣新創與國際接軌。

　　馮彥文畢業於交大，2000到2003年曾在美國矽谷的行動軟體公司及創投服務。2004年開始創業，曾創辦Cubie、Gamelet、

Willmobile等不同型態的B2C網路服務公司。其中Cubie更在全世界創下上千萬下載量，Willmobile提供行動股市交易服務，後來與精誠合併為精誠隨想。2017年開始投入區塊鏈，共同創辦的Decore，提供區塊鏈的會計服務系統。馮彥文在2019年開始進行波波球專案，至今正式營運一年多，目前三十幾個人的團隊，共創造超過400億美元的交易量。

在中心化的傳統金融運作中，需要許多中介機構如銀行、保險業者、證券交易所的參與才能提供服務。過程中更需要進行繁複的身分認證，才能進行貨幣買賣交易或是抵押、借貸、購買保險等金融服務。DeFi利用了區塊鏈的技術，讓用戶的錢、帳戶資料由自己保管、負責，在人人檢驗的公開程式上運作，比機制不透明的傳統金融更好，大幅提高了安全性。也因為跳過許多中介機構，大幅降低服務費與營運支出，因此逐漸發展出有別於傳統金融體系的商品。

馮彥文指出，2018年有許多DeFi的新想法興起，最後只剩DeFi在金融上面的運用被發展到極致，區塊鏈的底層是加密帳本，以NFT為例，繪製作品的過程在鏈下（Off Chain），把鏈下放到鏈上比較困難，也難以追蹤。但是DeFi是原生的，代幣也是原生的，讓一切過程變得較為簡單。

DeFi打破過去的資訊不對稱與信任瓶頸

以DeFi龍頭Uniswap為例，是一種用於交換加密貨幣的分

散金融協議，也是最大的去中心化虛擬貨幣交易所，並沒有任何第三方單位執行這個軟體，一切都在區塊鏈上運作。DeFi的運用對一般人來說可能並非這麼需要，但去中心化交易所的確比銀行好，譬如，你覺得你拿到的房貸（利率）是最低的嗎？有錢人拿到的可能比你還低，但在傳統的金融交易中，消費者無從得知。

Uniswap的運作透明，區塊鏈一切都照程式走，所以沒有所謂第三方單位這種暗盤的存在，以剛剛的房貸為例，就算有錢人可以拿到較低利率的房貸，一切都寫在程式中，大家也都知道。

台灣傳統的金融科技受到許多法規的限制，更受到「信任」的限制，過去一個金融服務要受到全球用戶信任，必須與銀行、威士等機構取得合作。以波波球為例，許多人並不認識這家公司，但公司仍然可以創造400億美元的交易量，可見，在區塊鏈上，大家不需要信任公司，只要信任機器與程式，在去中心化的世界，有撰寫和檢核智慧合約能力的人，都可以找適合自己的金融平台交易，甚至創建新的金融商品。

DeFi可以解決哪些問題？

1. 解決金融透明化的問題，譬如銀行可能因為與客戶間的關係，給某一個客戶折扣或是更多優惠，相同的事情在DeFi則會放在區塊鏈上供大家檢視。
2. 讓任何人都有機會接觸金融科技，任何人都有機會接觸任何資產。

雖然DeFi讓資訊透明，但還是有許多風險，馮彥文說，即便有風險，資訊的透明更重要，而整個基礎建設的建立，絕對會隨著時間而越趨完善。

發行加密貨幣可以成為
新創團隊早期資金的來源之一

波波球除了是DeFi的工具，也有發行自己的代幣，通常代幣都具有特定的功能，最簡單的像是可以治理（governance）和投票。馮彥文指出，加密貨幣與股權募資的概念很相似。不過，傳統的股權募資有許多限制，好比在台灣上市的募資就有很多規定，需要呈現連續幾年的營收和獲利等，因此需要很多年才能讓一般散戶投資人參與投資。但加密貨幣最大的好處在於流通性高，可以快速接觸到更多投資人，只要大家認同你的產品和代幣有價值，就可以收到投資。亦可以設計用代幣獎勵早期使用者，這也成為許多團隊早期資金的重要來源。

代幣經濟模型（Tokenomics）有許多討論，馮彥文指出，經濟模型的確相當重要，但卻不是最重要的，產品本身是否能夠解決用戶的問題才是重點。基本上，本質越弱的貨幣，經濟模型越重要，因為需要激勵更多人來使用。一個設計不好的經濟模型也可能會毀了一個專案。

選對題目，放眼國際，
現在是台灣新創團隊對外募資的黃金時期

　　根據多次連續創業的經驗，馮彥文認為，創業沒有最好的時間點，但永遠要做得比較早，等待時機來臨。擁有技術力並非成功核心，只是初期的資金燃燒率（Burn Rate）比較低，最重要的還是創業選題。目前看到很多台灣團隊在思考創業主題上缺乏整體藍圖。題目的選擇是相對性的，以馮彥文的經驗為例，過去會找出二、三十個主題，再選出最適合的，但現在台灣很多團隊都只有一個主題，想到就投入，相對比較危險。

　　馮彥文也認為現在是加速器式微的時代，主要在於出現許多天使投資人，過去新創需要靠包括500 Global等加速器與矽谷資源接軌，現在因為疫情的關係，很多投資人也可以透過網路進行投資，改變了很多過去的投資方式。

　　馮彥文目前的天使創投主要投注兩個部分，第一個部分是與波波球有合作關係的區塊鏈公司，除了資金，也提供包括如何發行貨幣、接觸開發創投與開發專案等知識的傳遞。第二部分是以台灣的軟體新創為主，主要以鼓勵台灣新創與國際市場接軌為初衷。

　　馮彥文指出，與其期待台灣金融法規鬆綁，不如先嘗試國外市場。「台灣團隊不要只看台灣，要放眼全球市場。許多新想法、新生意模式一推出，必定牴觸某些法規，與其與政府周旋，若這個產品好，可以考慮先進入國際市場，取得成長與驗證需求，再尋求鬆綁的機會。」

選對題目，放眼國際，是馮彥文多年連續創業經驗下對台灣新創的建議。現在是台灣新創團隊對外募資的黃金時期，台灣團隊現在有太多的推廣工具，讓行銷全球、與國際接軌變得比過去簡單許多。此外，台灣團隊也需要對國外市場與競爭者有更多了解，譬如，透過追蹤國外重要競爭對手的Twitter就是一個簡單與國外產生連結的方式。馮彥文希望可以藉由他在區塊鏈、DeFi與矽谷的經驗，協助台灣團隊打國際盃。

══ KT 筆記／謝凱婷 ══

彥文是知名的連續創業家，也是台灣和矽谷創業界裡很受景仰的前輩。他一直在實踐著創業革命這件事，只要有對的專案，憑著敏銳的觀察力和卓越的技術，總是一馬當先地進入市場。在區塊鏈Defi專案裡，他也是精準地看到市場的切入點，再加上過去創業所累積的技術資源和人脈，讓Perpetual Protocol產品一上市就得到許多區塊鏈專業開發者的青睞，在Defi領域有非常優異的好成績。

就如彥文對台灣新創團隊的建議，一開始要選對題目並放眼國際，將目光從台灣放大到全世界，努力將品牌行銷全球，就能掌握更多資金和市場紅利。非常期待彥文的天使創投基金能協助更多台灣區塊鏈和軟體新創，給予他們更多的信心和經驗指導，讓台灣的團隊也能像Perpetual一樣發光發熱、與國際接軌。

訪談連結：https://open.firstory.me/story/ckyl8gxf6172e088892v9hckg

36

從學界到準獨角獸的生技新創：募資挑戰和國際合作

專訪蕭世嘉／育世博生技創辦人暨執行長

　　蕭世嘉從台大化學系畢業後，直攻加州大學柏克萊分校化學博士學位，並在取得學位後旋即創業。在接受「矽谷為什麼」專訪時，育世博生物科技股份有限公司（Acepodia）創辦還不到五年，所推出的異體現成型（Off-the-Shelf）細胞新藥已在美台兩地進行一期臨床試驗。創辦人蕭世嘉博士分享他如何從一個博士學生，來到美國這個生技業一級戰區創業，讓學術研究成果落地開花。他說，這一路創業過程不乏挫折、學習，但一切的決策還是回歸到最核心的思維，產品與技術要產生真正對病人有幫助的數據，自然就會吸引一群有同樣熱忱與願景的團隊加入，進而產生正向循環。而「數據」和「團隊」，也是育世博這一路走來可以持續獲得投資人青睞的重要原因。

　　蕭世嘉指出，很多對人類產生巨大影響的發現，都是因為跨

領域所激發的火花，而他在柏克萊求學時期，更確認自己要投入癌症治療藥物的開發領域。癌症是相當複雜、難以治療的細胞層次疾病，人體的免疫系統每天為人類清除數以千計的癌細胞，但隨著人體老化等諸多因素而產生癌症。育世博主要專注於研發新世代癌症細胞免疫療法，將「抗體細胞連結技術」（Antibody Cell Conjugation, ACC）用在抗癌藥物的開發與應用。而抗體細胞連結技術最獨特的地方，就是讓化學在活體細胞上運作。一般人想到化學，都是作用在非生命體上。在活體細胞上使用化學其實相當困難，除了細胞不能死去，更需要維持現有的功能。癌細胞之所以難以治療，在於癌症細胞與正常細胞很像，相當容易騙過免疫細胞。抗體細胞連結技術便是以化學的方式，以像是雷達般的抗體分子接在免疫細胞上，即使面對免疫系統的老化，仍能夠辨識癌細胞。

學界、生技業、藥廠形成缺一不可的生態圈

蕭世嘉指出，學界、生技業與藥廠是個相當緊密且缺一不可的生態圈。生技創業最好在這三個環節都能取得一定的資源。藥廠是推動最終產品產生的重要組織，對產業的影響力與坐擁的資金都相當龐大。但是大組織的運作讓藥廠在新藥的開發上備受侷限，需要有更彈性、可以快速推動藥物研發到臨床試驗階段的組織，生技業擁有新創本質，具彈性且承受風險度高，這也讓生技業形成生態圈，每年為數不少的藥廠併購就是因為這個需求而產生。學界則是對前端研發的發展影響重大，整個藥物開發過程長

則十年，短則五年，都需要相當龐大的資金，因此在學界的許多前端研究，主要來自於國家研究經費的支援。

蕭世嘉在2011年取得博士學位後，以美國「小型企業創新研究計畫」（SBIR）補助經費取得柏克萊授權，在矽谷成立其第一個生技新創Adheren。而育世博的成立就真正從學界走向產業，在這個過程中，團隊需要先確認自己在產業的定位與市場的需求，而藥廠在這個階段所提供的市場需求資訊就很重要。蕭世嘉指出，技術授權在這個生態系中相當重要，是從學界到生技產業再延伸到藥廠的重要源頭。

以抗體細胞連結技術為例，即使是蕭世嘉在柏克萊發明的技術，但所有權仍屬學校，需要得到技術授權，才能夠繼續擴大發展。柏克萊在鼓勵技術推動上的策略與想法，是台灣學界與產業技術轉移、連結上值得學習的地方。

「數據」與「團隊」是募資成功與否的重要核心

蕭世嘉說，創業以來不斷地學習，所有的經歷都是難得的經驗，目前公司約為四十到五十人，三分之一的人位於美國總部，主要負責臨床與技術核心。生產與製造重心則在台灣，善用台灣與美國的優勢。從團隊的安排到募資，「數據」與「團隊」一直都是不變的核心。產品是否能達到設定的目標，產生該有的數據，相當重要。也因為技術的緣故，能夠吸引到一群有相同願景與熱忱的團隊加入，這是非常重要的正向循環。而執行長則需要擁有知人善任的能力，找到共同成長的人才，並把人才擺在對的

位置。

　　面對藥物開發這個需要龐大資金與長時間的過程，找到對的合作夥伴也相當重要，目前育世博與藥廠「藥明巨諾」進行整體生態鏈的合作。在合作夥伴的選擇上，蕭世嘉認為，能夠把生態圈變得完整、具有地域性的市場推廣優勢與擁有共同的企業願景相當重要，這樣才能創造雙贏的局面，走得長遠。不管是技術、團隊或合作夥伴的選擇，蕭世嘉認為，如果公司沒有找到法規主管，就不會貿然募資，先做策略規劃再執行，是很重要的。

　　蕭世嘉說，勤奮（Diligent）、正直、說到做到（Integrity）與好好溝通（Communication）一直是他對自己與團隊的要求，「不用先設定自己一定要創業」，不管是創業、到公司工作再創業等都只是達到目的的手段，最重要的是要想清楚對人生的定義：對自己來說，什麼是成功、快樂與幸福。不管哪個過程，都需要有好的長輩（Mentor）、同儕與後輩共同幫助。「不要為了創業而創業，想清楚人生要的是什麼才是重點，」蕭世嘉為許多年輕人的生涯思考留下相當深入的思考點，值得深思。

═ IC 筆記／詹益鑑 ═

　　生技產業在台灣已經可以算是走過兩個階段，從一開始的技術研發與資金投入，再到有超過百家的公司上市櫃，到這兩、三年逐漸有國際的技術授權案，可以說是逐漸有了生態系與產業規模。但如果要跟真正的生技強國如以色列、愛

爾蘭或瑞士相比，我們最缺乏的還是能在國際上募資與行銷的團隊，以及真正成為生技獨角獸的實力。

　　過去四年因為在創服育成中心的經歷，以及協助推動柏克萊公衛學院與國發會共同成立的台灣柏克萊生醫創新加速器，我接觸了超過五十個台灣生醫新創公司與團隊。許多團隊的技術都很優秀、應用也很有潛力，但就是苦惱於如何在北美募資與用人。在我看來，育世博應該是最接近這個目標的候選新創之一，無論是技術本身的獨特性，創辦團隊的經歷，尤其技術創辦人蕭世嘉跟具有世界級醫藥大廠經歷的楊育民博士的組合，非常符合美國生醫獨角獸的條件，這幾年也持續傳來好消息。希望我們能很快見到第一隻台灣生醫獨角獸的誕生，並給後續接棒的創業者與投資人帶來典範。

訪談連結：https://open.firstory.me/story/ckzed0gkb0gou0a06f3ftlju7

CHAPTER 5

矽谷的企業與
職場文化

導讀

矽谷獨特的工作文化，以人為本、追求創新的工作心法

謝凱婷

　　從 2003 年來到美國唸書，一眨眼已經快二十年光景，有超過一半以上的時間是在矽谷生活著。來到矽谷以前，曾經在美國幾個大城市念書和工作過，像是有著哈佛和麻省理工學院兩大名校、以生技和晶片創新聞名的波士頓，擁有人工智慧和人機介面科目著名的卡內基美隆大學所在地匹茲堡，以及有南加州矽谷之美名的爾灣。輾轉在這些於科技和學術都擁有一流學校和公司的城市待過，最後選擇定居在矽谷，是因為愛上這個不斷突破自我，有著獨特創新文化而迷人的地方。在這裡，看到了人生無限的機會和未來。

　　矽谷雖然壓力很大，但也使人跟著強大起來。從硬體起家的矽谷經過多次革命性的翻轉，從電腦硬體技術、網路高速世代、生技醫學、太空科技、電動車到區塊鏈，每一個創新產業都是在矽谷的羽翼之下茁壯著。在這裡可以看到風起雲湧的科技巨擘、

獨角獸和一個個頗具個性又創新的初創企業。矽谷有完整的新創生態圈、頂尖的學府、獨特的工作文化和創新機會，因此吸引來自世界的頂尖人才，還有願意投資未來夢想的創投資金鏈。矽谷是各方面資源的薈萃，也禁得起失敗，走過 Web 1.0 泡沫和慘澹的金融海嘯年代，每一次的危機卻也讓矽谷人的臂膀練得越強壯。

2020 年，疫情初期重創美國經濟，但矽谷卻以不可思議的速度站起，推動各個產業的數位轉型，雲端資料、工作管理平台、視訊會議、訂餐服務、金融科技、生醫科技等，都在疫情中寫下一頁頁佳績。這使人看到矽谷公司如何在危機中推動科技巨輪，創造嶄新的商業模式，也讓矽谷人開始走向新型態的工作模式，從矽谷走到各地，像是西雅圖、德州、紐約，或是風光明媚的山間海邊小鎮，以一種新型態的遠端工作法，繼續支持矽谷公司們的高速創新。因為遠端工作的興起，矽谷人開始對其他城市產生了影響力，注入矽谷獨特的工作文化，刺激、活化了全世界。

有時候，會不禁思考一個問題：「矽谷到底是以人為本，還是以科技公司為核心聚落的地方？」我認為矽谷之所以偉大，是人才和科技公司相輔相成。因為有獨特的企業文化，才能吸引更多頂尖人才加入，也因為這些人才打造出獨一無二的工作文化。公司珍惜人才並願意長時間投資人才的培育並鼓勵創新，人才也因為在矽谷的工作而找到自我價值和成就感。在這裡，有努力就有回報，有機會就要好好掌握，是一個平等自由的大環境。

　　兩年來，我和IC訪問多位成功的矽谷高階主管和創業家，不論是從科技巨擘或新創公司，都可以看到矽谷工作文化的相似之處。歸納出幾個矽谷獨特的開放式工作心法給各位參考：

1. 車庫創業文化

　　無論是大公司、獨角獸或是剛起步的新創公司，矽谷還一直保有「車庫創業文化」的精神。公司鼓勵員工勇敢內部創業和扁平式的管理文化，希望員工能創造更多嶄新想法，只要能創造出新的能量，公司也願意給予更多的資源協助，如技術、法務或行銷上的支持。

　　例如，在Google要往上晉升的方式，除了證明自己的能力足夠之外，最重要的是看有沒有創造超過這個工作層級的創新和卓越管理能力。當證明自己有這樣的內部創業能力之後，就會被拔擢到更高階的位置，並給予新的任務和團隊。Google用這樣的扁平式管理方式不斷擴展更多創新團隊。

　　而新創企業鼓勵員工的垂直交流，常常是創辦人和員工一起坐下談未來，開誠布公地分享公司內部資料，像是營收、客戶數量以及公司的營運挑戰。這讓員工與公司一起感同身受，像是創業家一樣，捲起袖子一起創業。從車庫創業起家的矽谷，經過了多年的疊代，創業精神是唯一不變的文化，刺激著無數的人才與創新。

2. 鼓勵從零到一的創新精神

在矽谷，除了正職工作之外，很多公司致力推動內部創新計畫，像是Google著名的「20%創新時間」，就是驅動員工擁有創新能力的重要推手。除了自己的工作目標外，Google鼓勵每個人都可以用20%的時間做斜槓專案，可以與其他部門的人共同合作，或是自己開發一些有趣的小專案。

像Chrome有名的小恐龍遊戲，是因為一群使用者設計師感到斷網離線的孤寂絕望感而產生的有趣小遊戲，每個月有超過三億使用量的小恐龍，變成Chrome團隊的幸運物象徵。Meta內部的工作平台Workplace，除了協同工作專案管理之外，還可以把自己的專案放到內部的社交平台，就像是Meta員工專屬的Facebook裡，讓同事們按讚、留言和分享，蒐集內部數據和評價，再依照數據評估專案可行性。在本書第三十九篇文章裡，曾擔任Facebook商業營運經理的黃柏舜，深度頗析了Google和Meta的工作模式，以及如何運用內部數據資料推動創新點子。

3. 為自己爭取機會

曾擔任蘋果高階主管的林錦秀，在第四十一篇的分享裡，談到機會該自己爭取，這是很典型的美國文化。我們從小到大的教育裡，常見到老師在課堂上問有沒有問題，台灣的孩子們多半不願意舉手，常會頭低低的、「希望老師不要點到我」的心態。但在美國文化裡，勇於表現自己、舉手發言，是美國教育裡一直被

鼓勵的教育模式。

　　同樣地，即便在矽谷，機會也不是從天上掉下來的，而是要主動去爭取，才能拿到那一張可貴的門票。大家可能聽過「電梯簡報」，我們常笑矽谷某些咖啡館或是特定地區是創投滿街走，或許搭電梯就可能遇到某個投資天王或是知名科技巨頭，要怎麼抓住機會、用一分鐘做自我介紹，這是讓自己掌握未來的一塊敲門磚，也是在矽谷應該要有的基本戰鬥技能。

　　要將前述提到的創業精神，為自己爭取機會，並且不怕犯錯的這些心法，作為向上管理的基礎。想要往上走，就要主動幫助上級老闆達到目標，並勇於提出看法、給予最適當的建議。老闆往上走，自然位置就會空出來，讓自己跟著往上走。

4.建立社交資產

　　矽谷的工作文化裡，除了自我管理的能力之外，還要學會「建立社交資產」。要注意與同事間的團隊合作，能夠得到同事的正向評價。對於在公司升遷或是轉換跑道，工作間的社交和評價是極其重要的。需要不時與前同事們做業界資訊交流，或是主動更新自己的現況讓前同事們知道，這也是在矽谷工作的重要一環。

　　在第四十三篇文章裡，前 Google Nest 台灣研發中心負責人洪福利，分享了很多與建立社交資產相關的訊息，讓讀者能成功掌握良好的工作人際關係，為自己在職涯上累積良好的信用分數和評價。

5. 多時區工作與跨國管理的挑戰

在矽谷，不論是大企業或新創小公司，幾乎都會有多時區工作與跨國管理的挑戰。以蘋果為例，很多工程師都是早上七點、在亞洲下班時間前開會，白天繼續美國時區的工作，等到下班後也會需要不定時地跟亞洲視訊會議，等於是雙時區工作，同時兼顧亞洲和北美。

疫情讓高科技公司的工作團隊走向更多元的跨國管理方式，像我先生，他在Google帶領的團隊只有他自己在矽谷，其他成員則分散在紐約、西雅圖、倫敦、慕尼黑等不同國家、不同城市。

未來，多時區的跨國工作法在矽谷會是常態，這在團隊管理和溝通上，牽涉到不同工作文化和時間差的問題。我們的來賓eBay主管鱸魚、Google使用者經驗資深經理胡煜昌，分享了許多跨國團隊和多種族文化的管理及工作心法。

6. 嚴謹的聘僱文化

矽谷是一個求才若渴、極度競爭的地方，每天打開信箱都會收到各式各樣的招聘訊息。在這邊找工作是比結婚還嚴肅的事情，因為這牽涉到未來職涯的發展，誰都不想踩到地雷、踩到坑，也很重視自己在職場上的評價。同時，每家公司在找尋團隊夥伴時，都有很漫長的招聘流程，除了人資（HR）做初步面試之外，還要讓招聘的團隊主管和同事們，每個人都面試應試者，

了解新夥伴是否適合未來一起工作，並需要提供中肯評語。像在
Google，除了面試流程外，所有參與面試的人還要提交評語並記
錄在系統中，再由一組完全不知是誰的祕密委員會，參考面試紀
錄來考慮是否錄取。在矽谷，人才和工作有很多選擇，但要組建
好的工作團隊是每一家公司追求的目標，有好的人才才有好的企
業，越是嚴格組建工作團隊，公司的企業文化根基才會建立得更
扎實。

7. 工作與生活的平衡

　　高壓的工作就得搭配優質的生活。有人說，在矽谷生活的痛
苦指數很高，因為壓力高、房價高、物價高，在什麼都很高的情
況下，怎麼讓自己在工作和生活中找到平衡，是矽谷人很重視的
價值觀。北加州的天氣適宜，有山有海還有納帕（Napa）和索
諾瑪（Sonoma）酒莊環繞，得天獨厚的氣候和自然環境，讓矽
谷人醉心於自行車、登山、跑步等各種戶外活動。在這邊或許是
一邊爬山一邊聊區塊鏈，也有矽谷人乾脆搬到湖邊，過著早上上
班、下午划船的悠閒日子。疫情改變了工作型態，更讓矽谷了解
到生活平衡的重要性，除了追求卓越的成功之外，也更重視生活
品質和身體健康。

　　在本章眾多來賓的分享裡，可以看到獨一無二的矽谷工作文
化，是多年沉澱後的不藏私分享，有成功的喜悅，也有壓力和痛
苦，都是來賓發自內心的真誠故事，希望能成為嚮往矽谷或正在
矽谷工作的你的養分和助力。

37

不要只做螺絲，更要懂得包裝——矽谷叢林生存法則：工作文化和人才趨勢

專訪鱸魚／矽谷觀察作家

　　棄文從工的矽谷觀察作家鱸魚，在矽谷當工程師三十年，歷經了三次大風大浪，看盡了矽谷叢林的野蠻與殘酷。鱸魚這一路走來，從軟體程式設計、作業系統管理、資料庫管理，到大型網站資料的儲存策略、效能管理，到資料中心和雲端管理，建立了非常獨特的職場生涯鏈，相同領域的人在矽谷可能並不多。一直堅持工作與生活平衡的鱸魚認為，在矽谷，沒有人種與語言的限制，打破天花板的關鍵在於，不要讓自己只會技術，更要懂得自我包裝，打造自己專業的獨特性，才是矽谷叢林的生存法則。

　　為什麼筆名叫做鱸魚？「很多台灣人來到矽谷，可能取了一個美國名字，或者把中文姓名翻譯成英文，但這樣都不好記。有一次我去逛超市，看到美味、營養又高價的鱸魚，靈機一動，就

決定用這個名字，後來也以這個筆名開始撰寫文章，」鱸魚笑
著說。

矽谷發展的五大階段

　　來到矽谷超過三十年的鱸魚，經歷了2000年的網路泡沫
化、金融海嘯到現在的新冠疫情，樂觀的鱸魚說，這每一階段都
可以拍成一部電影，重點是，有多少人可以親身經歷這些重大的
變化？

　　鱸魚將矽谷的發展分為五個階段：

　　第一階段：矽谷從70年代中期崛起，剛開始以硬體為主，
包括IBM、英特爾、蘋果、戴爾（Dell）、惠普等，所有的商業
資產都在機房。但當時每家廠商的硬體互不相通，屬集中式管
理。這個階段造就了許多硬體工程師。

　　第二階段：從1985年起，矽谷開始進入軟體時代，只要有
個人電腦，運用軟體就可以在公司辦公，企業的資產從機房轉移
到辦公室，包括甲骨文、微軟、Adobe等軟體廠商崛起。這個階
段造就了許多軟體工程師。

　　第三階段：從1995年開始，可以說是矽谷變化最大、改變
矽谷歷史的重要階段。網際網路（Internet）在1993年開始商業
化，全世界的商業網際網路瞬間連結，成為一股極大的力量。包
括亞馬遜、eBay、雅虎都在這個時候建立，當時崛起的是網路
工程師，商業資產也轉向以使用者數量（User Base）為基礎。

　　第四階段：網路泡沫化之後，2004年開始，行動裝置開始

流行，也宣告大數據時代的來臨。隨著iPhone推出，資料開始進入世界各個角落，這個時代，不再著重使用者數量，而是數據基礎（Data Volume）。過去使用者基礎的階段，每一獨特的使用者就只是一個（人），但是數據基礎下，每一個使用者都在不停地製造數據。Google、Facebook每一秒鐘都在累積數據，資產不停地增加。這個階段也讓數據分析師（Data Analyst）開始出現。

第五階段：人工智慧時代來臨，底特律汽車重鎮的地位已經受到影響，包括特斯拉等智慧車的生產重鎮都已經轉移到矽谷。上一階段的數據基礎開啟了人工智慧時代的演進。這個時代也造就了資料科學家的出現。

而上面提的五個階段都是往上架構，並不會因為進入下一個階段，前一個階段便消失。

AI時代，人會不會被取代？

鱸魚的答案是，不要再問會不會被取代，一定會被取代，差別只是你位在洋蔥的外圍還是核心。越處外圍，越容易被取代，越核心則反之，但同樣地，這些工作機會也相對稀少。現在被取代的速度大概在三到七年。以鱸魚的工作為例，下一個世代的資料庫將具有自我管理、自我修復的能力，鱸魚的工作也會被電腦所取代，現在能做的就是做好準備，增加自己可以持續工作的時間。

受到這次疫情的影響，很多機會還是在，只是重新洗牌，就像Airbnb、Hotels.com受到影響很大，但是亞馬遜、Google、

Netflix 卻異軍突起。這件事的啟發在於，不能把所有專業都仰賴在同一件事上，因為有可能瞬間改變。因此在這個過程中，鱸魚一直嘗試擴張自己的領域。鱸魚說，自己能在矽谷職場發展超過三十年，當然有幾分運氣，但這些運氣是有條件、有法則的。

矽谷職場叢林的三大生存階段

從政治、教育相對保守的台灣轉進矽谷，對鱸魚來說，是滿大的轉變與衝擊。台灣人在初期進入矽谷時，最強的就是技術，相較於西方人在分析、思考、包裝上的優勢，台灣人一開始可以光靠技術就擁有一定的領先，但是這個領先大約只有三到五年的光景。根據鱸魚三十年的職場經驗，他歸納出三個矽谷職場叢林的生存階段：

第一階段：強調技術領先，但即使擁有優異的技術，這個階段你對公司來說只是一個零件。如果三到五年你還是只擁有技術，就很容易被取代。亞洲人在乎產品（Product），但美國要求的是整合與過程（Process）。

第二階段：第一階段屬於縱向的深耕，三到五年之後，就要學會往水平發展，發展不同的專業能力，並學會收割、學習、整合別人的成果。

第三階段：鱸魚表示，現在矽谷過半的高層技術經理人（C Level）都是印度人，雖然他們擁有相當獨特的印度口音，但還是能位處高位，證明美國人可以接受英文口音不佳的主管來管理。但印度人展現出超強的包裝、語言及說服能力。「當公司主

管聽到一個好消息時,不只會感謝這個好消息,也同時會記得這個帶來消息的人。」所以,台灣人不要再抱怨,要學會做那個帶來好消息的人。矽谷從90年代開始,已經沒有人種、語言的問題,要打破玻璃天花板,靠的是將自己的高度拉高,學會說話、思考、包裝的能力。

華人在矽谷的社交能力相對較弱,下班就想回家,中午就帶便當自己悄悄吃。但是要在矽谷生存,就要有「不被人家忘記的能力」,因此,增加「社交」投資絕對需要。

新創好,還是大企業好?

常有人問,剛進入職場,到底是去大公司比較好,還是新創比較好?鱸魚兩種公司都有待過,這兩種公司的經營哲學完全不同,大公司像是Google、Facebook出來的人,大家都搶著要,要的就是他們的「成熟度」及「見過市面」。而新創公司強調的是技術、效率、行動力,相較於大公司,可以快速用小成本上市,但是產品的成熟度就與大公司有一定的差距。

鱸魚認為,所謂的產品成熟度主要來自於三方面:

1. 可擴展性(Scalability):譬如系統可以同時讓五百人上線使用,但可以同時讓五百萬人上線使用嗎?這就是所謂的可擴展性。

2. 效能(Performance):系統表現的效率是否始終一致?是不是可以做到不仰賴金錢來購買效率?效率應該是內建

的，是出於設計與周全的思考。

3. 韌性（Resilience）：譬如PayPal有兩萬人同時上線付款時，是否有韌性可以處理；萬一有一個節點不通了，流程是否能自動變通？這些都應該在設計考量之內。這個部分亞馬遜處理得很好。然而，設計要有韌性就需要擁有經驗與專業人才。

　　大公司的優勢在於可以在某個專業深入發展，但對於大學剛畢業的學生，應該要先找到上船的機會，很多新創的工作可以嘗試，更有可能有發財的機會。五年後，可以進入中大型企業，學習產品的成熟度。大公司的尺寸與規模是學習產品成熟度最好的地方。

　　面對疫情，鱸魚正面地表示，他相信幾年後，矽谷將恢復原來的欣欣向榮，面對現在的不確定性，大家可以做的是好好學習、充實自己。等時機來到，才能大展長才。

＝ IC 筆記／詹益鑑 ＝

　　我在矽谷的許多朋友，都是透過Facebook或在活動聚會時認識。但鱸魚是我少數因為他寫矽谷而成為粉絲，再因為2019年夏天的一次在地聚會而認識成為朋友的。可以說在移居矽谷前，我早已是鱸魚的粉絲，那些關於灣區的人事地物，總讓我心嚮往之。定居兩年之後，以在地菜鳥的觀

點，對於他深刻的觀察力、精準的文字力，既兼顧知識性與娛樂性，又帶著人文關懷與省思，更感到嘆服。

　　除了以文字描繪在矽谷工作與生活的能力，鱸魚在科技公司任職的過程與職場文化體驗，可以說跟他寫矽谷一樣精彩。也因為他經歷過前兩次產業與經濟的風暴，對於產業與新創在景氣高低之間的震盪與衝擊，他早有體驗跟深刻的學習。無論是想來矽谷求職與生活，或者從這些跨國企業的職場文化思考台灣的企業發展，鱸魚的分享都非常具有價值而且實用。本書出版之前，鱸魚的《異類矽谷》已經出版，我非常推薦大家也去買來看看！

訪問連結：https://open.firstory.me/story/ckjmoxa1tn0km0893gk1u93na

38

矽谷遠端工作模式和跨國團隊管理

專訪胡煜昌／Google 使用者經驗資深經理

　　跟許多目前在矽谷工作的台灣人一樣，目前在 Google 擔任使用者經驗（UX）資深經理的胡煜昌，畢業於成功大學建築系，在美國哈佛、卡內基美隆大學取得學位後，留在矽谷繼續工作。從韓國三星到矽谷科技巨擘 Google，從個人工作者到管理職位，胡煜昌覺得台灣人在矽谷的優勢在於說到做到、執行力超強。而「願意分享與溝通」、「成為解決問題的人」、「永遠為自己的工作與團隊多想一步，成為高信任感的夥伴」是他在矽谷能持續得到工作上的成就與晉升的關鍵成功要素。

　　胡煜昌指出，疫情前，遠端工作與跨國團隊間合作本來就已經是矽谷科技公司的日常，雖然疫情來得又急又快，但這些基礎架構都已成型，所以對工作的影響其實並不大。疫情剛開始的時候，大家都不覺得會在家工作很久，團隊還會遠距約了一起吃午餐、品酒、運動。但是，隨著在家工作的時間越來越久，大家也開始習慣這種遠距工作的新常態，展現出人類的韌性。

胡煜昌指出，矽谷公司間的遠距與跨國工作能夠如此自然，在於大家心態上的正確設定，不要有先入為主的想法，文化沒有高低、對錯之分，大家彼此尊重、願意交流相當重要。當然，實體工作也有許多遠距無法取代的優勢，譬如過去大家在偶遇時的討論，快速在用餐時間的交流，都能讓許多沒有在計畫內的事情，高效解決。但是遠距工作後，需要先設定事項，再透過會議正式討論，還要考慮時區的差異，因此，大家在疫情剛開始時的工作時間的確變得更長。現在大家也逐漸習慣用各種即時與非即時的溝通模式提升合作效率，在工作與生活間找到新的平衡。

分享、溝通與信任是遠距工作的成功祕訣

胡煜昌表示，「分享、溝通與信任」是遠距工作的成功祕訣。要明確地讓別人知道你在做什麼、你想做什麼，透過可視化的 Google 工作檔案，讓團隊清楚了解每個人正在處理的任務，減少誤會產生。譬如團隊中有些在家工作的同事，需要照顧孩子、家人，造成工作有所延誤，也可以開誠布公地表達與溝通。胡煜昌指出，Google 利用 Google 文件，不但可以分享工作進度，也可以隨時評論，過程中不僅可以高效溝通，更能建立信任感與默契。

主管的存在，在於解決團隊中每個人的問題

胡煜昌表示，主管的團隊管理相當重要，而且主管要有一個

正確的認知，了解團隊每個人是主管的重要工作，而主管的主要
職責，在於解決每個人的問題，這可以說是耐心與智慧的考驗。
胡煜昌在職場上的升遷與轉職，都遇到了願意教導、願意給機會
的好老闆。美國三星是胡煜昌人生中的第一個工作，只花了兩年
的時間，便從專業設計工程師晉升到主管。過程中除了老闆對他
的支持，更提供一對一的教練，一步步帶領他設定目標、激勵員
工，並在面對困難的決定時一起討論，找出方法。這為期兩年的
訓練，對胡煜昌來說，是絕佳的成長養分。

　　台灣人在矽谷擁有說到做到、高執行力的優勢，但需要學習
的是，如何在工作中建立自己獨特的「角色定位」。很多人一進
公司就埋頭做事，但是矽谷文化重視「解決問題的人」，也就是
策略性的思考能力，能夠主動出擊並能將個人在產品與組織中的
影響力最大化。胡煜昌說，以主管的角度來看，現在產品開發越
來越複雜，主管們往往不能對每一個細節都瞭若指掌，這時候更
加依賴團隊，提出建議，進而做出正確的判斷。這時團隊要是有
人能適時補上這些不足的地方，甚至成為移開路中大石的那人，
就顯得更有價值了。

職場的每一步，隱形信譽的重要累積

　　台灣在團隊合作上，比較趨向於競爭，但在美國則傾向於發
展個人價值的同時，也能尊重彼此專業的合作關係。胡煜昌回
想，之前在三星第一個應徵的前端工程師是位初出茅廬的年輕小
伙子，當時，在提拔他的同時也在他身上「偷」學到許多前端開

發與架構的知識。如今這位當初的年輕人已經是在蘋果獨當一面的軟體開發經理。雙方一直保持聯絡，時常見面交換業界心得。胡煜昌笑著說，在矽谷應該沒有人會在同一個公司終老。這個產業很小，曾經的上司與同事，幾年後都分別在各大公司任職，套一句俗話：「出來行走江湖，總有一天要還的」。

在美國很重視信用（credibility），在工作場域，隱形的信譽，也就是過去的表現，更具有舉足輕重的重要性，想要在美國的職場任職與升遷，「推薦」扮演相當重要的角色，你過去的紀錄與表現，將跟著你一輩子。胡煜昌表示，自己在三星與Google的幾次升遷都是受助於幾位上司與同事的大力支持；過去幾年自己也推薦過多位以前的同事與下屬，靠的都是彼此間在專業合作中累積起來的信任。

在Google工作很輕鬆嗎？

當胡煜昌決定轉職到Google，很多人恭喜他換到這麼一個錢多又人性化的工作場域。Google真的這麼輕鬆嗎？胡煜昌笑著說，Google的確是一個沒有人會叫你做什麼的環境，很多人可能會認為，你就把該做的事情做一做就好，薪水也不會比較少。但是，這就取決於個人的職涯規劃，有沒有更上一層樓的打算。

其實，在Google花很多時間在找問題、解決問題。不只是自己專案的問題，很多時候更要看到產品甚至是組織上的問題。或許從上到下、直接命令的做事方式的確比較高效，而Google

從下而上的管理與工作模式相對耗時，但是在這過程中，展現個人問題解決的能力，在不同想法下互相討論、合作，開創最佳的創意火花，卻是效率所買不到的重要資產。

＝ IC 筆記／詹益鑑 ＝

　　熟悉KT的聽眾與讀者，應該非常容易猜到胡煜昌的身分。對許多KT的粉絲來說，胡煜昌就是那個矽谷最幸福、可以嘗到KT手藝的矽谷美味人夫（笑）。從我們家兩年多前移居矽谷以來，常受到這個「矽谷美味家庭」的款待，一起度過節日或跟其他朋友在他們家聚餐。除了是一個稱職的男主人，胡煜昌的學霸背景與精彩的業界經歷，也常成為聚餐時的談話主題。

　　所以這一集訪談，除了是胡煜昌首度出道獻聲之外，更是彷彿在他們家客廳的閒聊（實際上還是遠距錄音，而且應該是三支麥克風）。從三星到Google這兩家文化不同的科技公司，從工程師升上管理職的心路歷程與管理心法，還有在疫情之下的居家遠距與跨國工作模式，都是非常有意義的分享。而主管最重要的工作是提高每個同仁的效率，最重要的就是解決員工面對的問題（無論是工作上或工作以外），更是我從很多Google朋友身上聽到與學到的獨特文化，非常值得台灣的企業經理人與每一個職場上的朋友思考。

訪談連結：https://open.firstory.me/story/ckjmoxa3nn0lo0893jxiohfjl

39

想在 FB 或 Google 工作？先了解矽谷科技巨擘獨一無二的工作文化

專訪黃柏舜／前 Facebook 商業營運策略經理

　　在矽谷科技巨擘 Facebook 和 Google 工作是許多科技人的夢想，但是這兩家企業在文化與招聘要求上到底有什麼不同呢？過去曾任職於矽谷 Google，之後擔任 Facebook 商業營運策略經理的黃柏舜（Marty）指出，Facebook 重視人際社交、Google 重視架構（Structure），雖然文化各有不同，但是，兩家公司除了專業領域的知識，都更在乎人才是否有「解決問題」的能力。

　　曾任職於台灣的跨國管理顧問公司，在美國華頓商學院（Wharton School）取得 MBA 學位的黃柏舜指出，當時研究所的第一份實習機會就在 Google，之後也成為其第一份工作。Google 是個相當重視個人表達與能力的地方，強調做自己，外表穿著可以擁有自己的風格。黃柏舜笑著說，自己已經有七、八年除了參加宴會外，不曾穿過西裝。回憶當時實習機會的面試

時，面試主管不經意地詢問，是否上過某位教授的課程，在面試結束當天，該主管就立即打電話給這位教授，詢問他對黃柏舜的看法。教授的美言，對黃柏舜取得實習機會有絕對的助益，這也體現Google在招募上對資歷查核的重視。

以數據為基礎，非憑經驗與直覺

黃柏舜在Google的實習工作主要為人資分析領域。透過商業分析與數據模型，分析並優化員工表現、組織、招募流程等，一切用數據說話。面試時，過去顧問業的專業對黃柏舜很有幫助。Google的許多問題都圍繞在要如何達到目標，這時考驗的是個人商業分析與問題解決的能力，專業知識是否頂尖反而不是第一關鍵。Google與顧問公司的商業決策過程滿類似的，討論任何問題，都需要有數據基礎，而非沒有依據的經驗、直覺。

之後黃柏舜任職於Facebook，被問到與Google的不同，黃柏舜笑著說，以前在Google時，很多人招募遇到的第一個問題都是「這個招募流程怎麼這麼久」，好幾個月、反覆面試等，都展現出Google招募時相當嚴謹的態度。

而Facebook就相對快速，幾個星期到一個月內通常就會完成整個招募流程。但黃柏舜說，Facebook具有明顯的新創本質，招募速度快，淘汰也很快，如果沒有表現，很難在Facebook存活。Facebook展現的是「先做了再說，用數據看看是否成功，成功就繼續，不成功就淘汰」的管理哲學。

不同於擁有百年歷史的公司常引進外部專業顧問，包括
Facebook、Google等新創公司幾乎不採用外部顧問，公司內部也
很少有「策略」（Strategy）相關的職稱，團隊間的討論都需要運
用數據，陳述具體的做法或解決方式，相當重視量化與事實基
礎，而非只是商業策略或理論。黃柏舜指出，團隊不需要掌握
100%的資訊才能討論，擁有60%的數據就可以分享，進而決定
下一步的方向。

Google與Facebook的文化有哪些不同？

黃柏舜表示，剛開始進入Facebook，許多同事與主管馬上
來加他Facebook當好友，過去認為Facebook屬於私領域、只
開放給好友與家人的黃柏舜，直言覺得相當震驚。但這顯示，
Facebook希望讓同事變成朋友，建立更多公私領域的交流與共
識。

後來Facebook推出Workplace工作平台，就是希望讓工作與私
生活有一點區分，私人生活使用Facebook，工作使用Workplace，
但不變的是，都是透過社交方式，再再展現Facebook的社交基
因。黃柏舜說，在Facebook工作等於身處高度社交生活，用
Facebook、Messenger跟同事溝通，所有的互動都相當即時。

Facebook的組織也相對扁平，以每週五的All Hands會議最
為知名，由社群票選前五名問題，執行長祖克柏會親上火線回
答。

Google則比較要求一致性與結構性，最有名的是內部有許多員工課程，從心靈成長、禪修，到運動、做菜等多元內容一應俱全。

在疫情的影響下，工作模式突然轉換成遠距，黃柏舜說，這對許多公司來說都是第一次的嘗試，但是因為Facebook從以前就以社交軟體進行工作，所以並沒有太大的差別。

職涯是自己創造的

談到矽谷兩家龍頭公司主管的管理文化，黃柏舜指出，因為公司規模不同，管理方式跟員工晉升資格的制度可能不同，但是三百六十度的評量方式卻大同小異。每個人的工作評量，不只有來自於主管，更包括共同工作的團隊。

黃柏舜在工作上學習到的管理哲學在於，剛擔任主管時，除了管理團隊，自己同時也管理專案，但當管理的人越來越多之後，發現專案的部分的確要學習放手。主管最大的任務在於幫助團隊創造機會，激發團隊的潛力。跟台灣由主管考核團隊績效很不相同，Google與Facebooke更在意員工在進入公司後，公司或管理階層是否可以幫助其未來的發展。

台灣企業比較在意工作職掌，希望員工上班第一天就有即戰力，做好公司交付的工作，屬於上對下的指揮。Facebook與Google不在乎員工進來之後是否幾年後便離開創業，但希望進公司後，就能展現最佳的學習態度與合作狀態，而這個狀態不只是專業領域的知識，更是問題解決的能力。

　　同時，員工可以與主管討論如何在工作或人生上持續成長、提升視野。就如Facebook主管曾對黃柏舜說的一句話：「你的職涯要自己創造。」（You are the owner of your own career.）黃柏舜從台灣到美國，從新聞到科技，從顧問公司到矽谷龍頭科技產業，這一切正是自己開創職涯的最佳寫照。

═ IC 筆記／詹益鑑 ═

　　我跟Marty相識於2006年的政大校園，當時我正在就讀MBA，而他也正要取得新聞雙修企管的學位。因為共同準備管理顧問的個案面試而認識，後來我們一起組隊參加創業競賽跟行銷競賽，雖然沒有獲得名次，但我們都對彼此的特質與背景有了深刻的印象。之後他進入管理顧問公司，又到了頂尖的商學院跟科技公司，我們一直都有保持聯繫，每次我來訪矽谷，也都會盡可能跟他碰面。

　　因為Google與Facebook都有非常嚴格的公關準則，多數時候員工不太可能發表對公司文化或管理層面的看法，即便是正面的也必須獲得允許才能受訪。但很巧的是，我們專訪Marty的這一集，他其實已經在離職的過程，直到我們錄音上架之後，他才讓我們知道他已經要轉職到另一家新創公司，我們也才有機會聽到他以前員工的身分，談談這兩家在求職排行榜上最熱門的科技巨頭，有怎樣的文化差異跟管理風格。

訪問連結：https://open.firstory.me/story/ckjmoxa4hn0m408936sr1hd2b

40

台灣未來基金會：建立全球人才互助圈，讓台灣人站上世界舞台

專訪陳浩維／台灣未來基金會董事長

　　根據台灣未來基金會（NEX Foundation）所做的調查顯示，前往美國的台灣留學生人數並沒有明顯減少，但從美國公民及移民服務局（USCIS）的工作簽證發行數來看，台灣人的數量卻巨幅遞減（例如：2007年時，台灣人才獲得美國工作簽人數為五千三百九十四人，然而到了2017年，人數已經降至兩千兩百人），顯見求學後成功取得工作簽證、留在美國就業的人數持續減少。

　　台灣未來基金會董事長陳浩維（HW）表示，這個現象代表台灣人在海外職涯發展資源上的不對稱，因此希望以系統化的方式，讓台灣人的硬實力與勤奮認真的軟實力能有真正展現的舞台；成立於2018年、以美國西雅圖及台灣台北為據點的台灣未來基金會，正是陳浩維回應此現象而創建的平台，透過研發和經

營線上資源平台，協助台灣人的國際職涯發展，並打造具有延續性的全球台灣人才互助圈。

陳浩維，這位在全球資安領域擁有相當知名度的專家，有著戲劇性的求學過程。因為爸爸身為化工材料研發者的工作性質，導致他輾轉念了十二所學校，求學路橫跨台灣、日本、美國等數個國家。陳浩維國中時開始接觸電腦也是因為當時舉家搬到日本，在那個沒有Facebook等社交媒體的時代，他只好自學寫程式、設計個人網站，開啟與台灣同學聯絡的管道。

靠自學，踏入資訊安全領域

高中是陳浩維資安專長的啟蒙時期，當時他注意到台灣政府的網站經常受到駭客攻擊，年紀輕輕的陳浩維在興趣與能力的驅使下，成立了自己的工作室，開啟他為台灣政府進行資訊安全檢測與無償顧問之路。進入輔仁大學後，他與同系學長們成立了台灣大專院校首個資訊安全社團，更透過參加全國大專院校資訊安全競賽等比賽累積實戰經驗。

明確的目標帶領陳浩維於大學畢業後前往美國卡內基美隆大學攻讀資訊安全碩士。陳浩維表示，畢業後曾經想回到日本工作，但在經過數次美國科技公司的面試後，坦言相當欣賞美國熱情、開放的環境，便留在美國就業。正由於他多年跨國求學與工作的歷練，埋下其創立台灣未來基金會的契機。

台灣未來基金會成立前，陳浩維曾經幫助大型電商公司的台

灣員工協會進行留學生的職涯推薦、解決台灣人才在美國求職可能會遇到的困境。過程中，陳浩維發現原來留學生對職涯發展的需求這麼大，因此萌生透過建立系統性且能永續發展的非營利組織來長期推動互助圈，反轉大家對於人才外移的負面形象，以互助交流（Give-and-Take）為核心建立正向循環。

台灣擁有資訊安全的教育與人才，現在缺的就是舞台

陳浩維認為台灣人才赴海外就業其實是種國力延伸的展現，能在不同領域產生國際影響力。台灣人才擁有對亞洲文化的深刻理解、工作認真踏實又願意與團隊搏感情，這些特質都是難得的優勢。透過資訊、經驗分享與技巧訓練就能打破外國職涯的陌生感與資訊不對稱等困境，粉碎我們過去對玻璃天花板的限制與想像。近來在疫情影響之下，遠端工作成為常態，更大幅增加台灣人才爭取國際職涯發展的機會。

長期專注於資安領域的陳浩維指出，美國擁有根深蒂固的資安文化，不論是政府或私人企業，對於資安和其相關法源皆相當重視，這樣的大環境讓美國的資安人才需求極高，也有高度的發揮空間。台灣政府培育資安人才不遺餘力，但是台灣法律對於資訊安全的規定較缺乏強制力，企業對於資訊安全的認知和應對尚未成熟；就算有資安專才，也常因職場沒有能發揮長處的職位，而被迫轉職為軟體工程師。

　　台灣擁有資訊安全的教育與人才，缺乏的是健全的產業環境。反觀日本已投入資源建立產業，但資安人才培養卻才起步，導致本地人才不足，這或許是為什麼許多日本企業的資安成員都來自台灣，也可視為台灣人才布局亞洲的機會點。

大家都是台灣隊，讓我們一起打世界盃把回家的路變得更美好

　　目前台灣未來基金會的服務對象是全球的台灣人才，已推動企業媒合、職涯諮詢、媒體實驗、社群聚會等計畫。基金會成員在西雅圖和台北以外也遍布全球，因此基金會與英國、日本、荷蘭等各國的相關社群都有高度合作，以此建立跨國的橋梁。基金會的自有觀點平台──NEX媒體實驗室則是透過分享世界各地台灣人才的故事，將國際視野帶回台灣。陳浩維未來也計劃成立自己的Podcast節目，讓知識和經驗的分享無國界。目前台灣未來基金會正在進行台灣海外人才資料庫的建置，以及台灣年度人才的長期調查，希望能獲得深度洞察，以提供政府與企業更多的建言與人才策略。

　　最後，陳浩維對全球的台灣人才說：「大家都是台灣隊的一員，讓我們一起打世界盃，把更多福爾摩沙的聲音傳遞出去，把回家的路變得更美好。」

═ KT 筆記／謝凱婷 ═

　　我認識浩維（HW）是在Clubhouse的一個國際影響力論壇裡，那時聽到他在闡述台灣未來基金會的理念，期望能聯合世界各國的台灣人力量，將專業知識和國際經驗帶回台灣。他的話語深深打動了我，覺得台灣就是需要這樣熱心、有能力的專業人才，建置台灣海外人才資料庫，作為海外和台灣聯繫的橋梁，並將經驗一代一代傳承下去。唯有台灣人團結，手牽手一個拉一個，我們才能在競爭激烈的國際社會裡占有一席之地。

　　台灣在各項產業都有領先全球的優勢，特別是在高科技、醫療、製造業都有舉足輕重的影響力，非常期待台灣未來基金會作為海外台灣人的基地，讓人才在各產業互相連結和成長，一起打造台灣隊！

訪談連結：https://open.firstory.me/story/cknzfzttz5at508562tw8pzk8

41

主管，決定團隊的正面方向：矽谷女性高階主管三十年的成功管理哲學

專訪林錦秀／前蘋果工程部總監

林錦秀（Ginger Tsun）畢業於台灣政大統計系，進入美國史丹佛大學，在一年之內拿到統計碩士學位之後，便搶進當時相當熱門的電腦科學碩士班繼續攻讀第二個碩士學位。不到五個月的時間，便受聘於西門子公司（Siemens）當電腦軟體工程師。進入職場後，從一個想好好相夫教子的個人工作者，一路晉升主管，歷任西門子、雅虎、Intuit、LogMeIn，Claris（蘋果）等多家公司，擔任技術職高階女性經理人。

過去三十年間，在矽谷這麼多主要科技公司中，突破了我們傳統印象中對於女性華人主管許多的玻璃天花板想像。「只要爭取，就多一個機會」、「找到對的能力發展，自己就會很有信心」、「團隊比競爭重要」……林錦秀分享了自己在矽谷從求學到職場的洞察與學習，更對想打破矽谷職場天花板人才提供許多

懇切的建議。

不爭取就沒有機會，只要爭取就多一個機會

　　林錦秀在政大統計系畢業後，繼續進入美國史丹佛大學進修統計碩士，由於當時電腦科學相當熱門，所以，來美國不到五個月的林錦秀，也加入申請電腦科學碩士班的行列。在激烈的競爭下，林錦秀的申請果然失敗，跟一般人摸摸鼻子、下次再努力的做法不同。林錦秀直搗招生委員會主席辦公室，想了解自己失敗的原因，在了解自己的論文與推薦函缺乏競爭力，也在委員會主席同意多給兩週的狀況下，課業表現相當優異的林錦秀重寫了論文，並找到三位知名教授推薦。

　　兩週後，電腦科學系主任主動打電話跟她說：「Ginger，妳真的很令人驚豔，我想之後再也找不到第二個像妳這樣的人選，妳正式錄取了。」這段過程很戲劇性，更激勵人心，林錦秀說，當時她的英文也不好，只是憑著一個想法：「為什麼不爭取？我不爭取就沒有機會，只要爭取就多了一個機會。」

　　林錦秀在西門子擔任軟體工程師的同時，也盡心竭力地完成了努力爭取來的第二個碩士──電腦科學系碩士。當時一心想著相夫教子的林錦秀，工作後只想快點下班，對工作無心戀棧。直到遇到網路泡沫，老公與自己陸續被裁員，這才讓林錦秀覺得緊張並認真思考，為什麼自己無心於工作。當時自己的瓶頸與迷思在於，覺得自己的英文能力不夠，主管的工作量加倍、不是好缺，加上女性主管太少，總認為需要有更強的技術能力才能鎮住

幾乎都為男性的工程師。但正值網路泡沫之際，林錦秀體認到，科技工作不斷演進，如果自己先設定瓶頸，不夠努力，就可能隨時被取代。

轉任主管職，找到自己的能力與信心

在第二次的工作轉換時，林錦秀決定轉至當時平均年齡只有二十九歲，且最熱門的雅虎。兩個月之後，由於主管覺得她具有管理能力，將她晉升為管理職。林錦秀說，這個不是她自己爭取來的職位，卻對她的職涯帶來巨大的改變。「原來，我是非常適合當主管的人，這一路下來，我發現了自己的能力，也找到了信心，」林錦秀笑著說。

團隊比競爭重要，主管的風格決定團隊的方向

林錦秀歸納了三個自己適合擔任主管的主要原因，包括：

1. 不只專注於自己，更專注於團隊：林錦秀說自己相當善解人意，知道別人的要求是什麼，在合作的過程中，不會只看到自己，而是會看見每個團隊組員的優缺點。

2. 不只聆聽，更有執行力：在合作的過程中，林錦秀不覺得自己一定是對的，除了表達意見，更願意聆聽。不只聆聽，更在聆聽後馬上行動，因此，林錦秀可以跟不同團隊

都有很好的互動，展現高度執行力。

3. 主管，可以正面影響：林錦秀是一個天生個性相當幽默的主管，跟團隊都能愉快地合作。她在整個採訪中總是妙語如珠，「主管，絕對可以對團隊有正面的影響，我從不獨善其身，看到團隊進步，我自己更開心。」

林錦秀在雅虎短短五年內，從基層員工晉身高階主管（Senior Director），從中找到自己的優勢，有了信心，更不再懼怕於公眾場合發表意見。

林錦秀說，她一直相信，「團隊比競爭重要，而主管的風格決定了團隊的方向」，如果強調競爭，團隊內的個人會私藏軍火，整體運作相對不具競爭力。但是在團隊的概念下，大家會有成功、失敗與共的精神，整個團隊的表現會令你驚豔。

女性在職場上的晉升瓶頸與優勢

雖然有不少女性在矽谷的公司擔任一線主管，但是能一直往上爬的人的確不多，林錦秀分享了女性主要的晉升瓶頸：

1. 工作後的聚會限制：成為主管後，職場將不只是上班時間，下班後的社交也同等重要。在以男性為主的高階活動中，包括喝酒、高爾夫、跳傘、高空彈跳等活動，都較不適合女性。

2. 敏感特質：女性天生比較敏感，較常將職場上對事不對人的討論視為針對其個人，而造成誤解。

3. 重細節，缺乏大局視野：女性較重視細節，但過度重視細節，就會看不到大局。

但相對地，女性也有許多男性取代不了的優勢，包括：

1. 三頭六臂，可以同時多工：跟管理家庭一樣，女性具有可以同時完成多樣任務且極高的行動力，讓繁雜的工作能夠快速、細密且環環相扣地完成。

2. 決定速度敏捷：女性的個性較為熱情、敏捷，相較於男性，做決定的速度更快。

林錦秀在掌握自己的優勢後，如何解決上述遇到的職場瓶頸？

1. 更改活動：在一次都是男性的聚會中，林錦秀直接表達高空彈跳對身為女性的她有點困難，因此大家決定更改活動內容，跟林錦秀一起跳街舞。

2. 對事不對人的感受要慢慢練習：對事不對人的思維是需要慢慢練習的，林錦秀說她會觀察，如果這個同事對每個人

都這樣，就知道他是對事，但如果只有對她才這樣，就知道他是對人。林錦秀也會直接挑明，找對方談清楚，其實，很多事情講開了就好。

矽谷華人如何打破職場天花板？

在矽谷不乏亞裔的高階主管，但華人相對少，林錦秀也直指華人在職場上可以改進的能力：

1. 太過謙虛，怕犯錯：華人因為教育的關係，對許多事情相對謙虛，不願意爭取，更怕犯錯，都需要有100%信心才敢做，這樣會錯失許多機會。

2. 不夠堅定，很容易妥協：在美國，據理力爭是很重要的，這代表你是有見識、有影響力的人，而這是華人相當缺乏的特質。

3. 不擅於稱讚他人：每個人都希望聽好話，不是說要拍馬屁，而是當他人做了好事，包括老闆，都應該不吝於讚美他。

4. 融入美國文化與社會：華人並非受到強迫才到美國工作，既然決定定居美國，就要學習並融入當地文化，才能與團隊建立除了工作以外的關係。

林錦秀也分享了做好向上管理的成功關鍵：

1. 了解主管的需求與目標：很多人喜歡猜測主管的需求，這樣很容易失去方向。了解主管的需求與目標後，排除萬難地協助他完成，主管必定視你為不可或缺的大將。

2. 出問題不要躲避：在工作過程中，難免產生問題，但只要遇到問題一定要向上呈報。但切記，在提出問題的同時，也要提出建議的解決方案，主管會更相信你是有見解、會思考的員工。

3. 不要百依百順：只要主管的要求不合理，你可以回饋並且以正向的方式爭取，會讓彼此的工作默契更好。

4. 要讓老闆有面子：老闆願意帶你出去開會對你是項肯定，所以你更要好好準備，做讓老闆有面子的事。

在這段戲劇性的求學與職涯經驗中，林錦秀表示，經營職場其實就跟家庭一樣，需要找到互相提攜、共同成長的夥伴。大家都說成功的男人背後有個成功的女人，女人也是這樣，老公在這一路上的支持，絕對是她繼續成長的重要動力。

面對越來越高的職位，林錦秀坦言，壓力只會越來越大，競爭也越來越多，所做的決定影響層面更大，這個世界沒有免費的

午餐（Free Lunch），這一段過程，只有走過才能體會，也與更多在矽谷發展的人才共勉之。

═ KT 筆記／謝凱婷 ═

　　我與Ginger一起吃過多次午餐，每次見面都被她的智慧話語、幽默感和熱情感動，在談笑之間總讓我習得更多的人生智慧。Ginger的故事非常吸引人也很勵志，一個外國女孩怎麼在高度競爭的矽谷裡脫穎而出，成為科技界的女性高階主管？在充斥各種理工男的矽谷裡，身為少數的女性工程師，在念書時勇敢爭取機會，從統計系轉到電腦科學系，這已經是頗有難度又需要勇氣的事情。Ginger也分享她經歷Web 1.0網路泡沫後的大徹大悟，如何從穩定的工程師生涯裡，逐漸發現自己具有高階管理的能力和特質，進而願意承擔更多責任，帶領團隊前進。

　　在Ginger的訪問播出後，收到很多聽眾來信感謝，說他們深受鼓舞。還有位知名媒體前輩，特別寫了一封信感謝Ginger，說他們全家人得到很大的啟發，特別是在美國擔任主管的女兒，還把Ginger的訪問聽了三遍，帶給她在工作生涯裡更多刺激和突破。這集訪問，精彩地呈現Ginger強大的心理素質和卓越的管理心法，突破自我、找尋機會和向上管理的能力，在幽默的言詞裡更看見她的智慧人生。

訪談連結：https://open.firstory.me/story/ckresh3xboc4f0984ha1zvrqz

42

一個軟體菁英人才，就可以影響全世界：從Google文化看台灣軟體人才育成

專訪簡立峰／前Google台灣董事總經理

　　十七年前，簡立峰是Google的第一位台灣員工，到他退休時，Google台灣已成長為三千人的規模。前Google台灣董事總經理簡立峰，曾是中研院資訊科學研究所副所長、台灣大學教授。他於Google台灣工作任內，曾收購宏達電的手機製作團隊，並前後在彰化、台南建置資料中心，一步步把Google台灣帶領到「亞太區最大研發基地」。簡立峰表示，跟硬體人才打團體生態系仗不同，一個軟體菁英人才就可以影響全世界，我們可以從Google建立文化的過程，看台灣軟體人才育成的機會點。

　　簡立峰說，當時他飛往美國，一天內就完成了Google的面試，走馬上任，跟現在動輒三個月的面試期大相逕庭。十七年前，Google總部人資在對當時包括西班牙、印度與台灣三地即

將上任的總經理新人訓練時，只專心溝通「管理」這件事。

在Google不講「管理」，談的是「幫助」（Help）。如果你剛好有領導能力，很好，這樣可以帶領團隊往前行。但如果剛好沒有，只有「幫助」這兩個字可以協助你成功領導，「如果你能夠一直提供有意義的幫助，最終將展現你的領導能力。」（As long as you can provide useful help, eventually you may have leadership.）

簡立峰回想面試時，Google希望進入中國市場，本來希望將辦公室設在北京，由於當時簡立峰同時也是微軟的顧問，看到微軟協助許多中國人才與世界接軌，加上2005年時，許多台灣人才都外流到中國，所以認為自己還是需要幫台灣人才一把。

因此，簡立峰向Google總部堅持希望留在台灣，開啟後續台灣一步步成為全世界第三大研發中心與亞太區最大研發基地的契機。為什麼辦公室選在101大樓呢？簡立峰說，當時美國總部說，辦公室選哪裡都可以，因此選擇了當時全球最高的101大樓，當新團隊在對內、對外行銷時，只要提到辦公室就在全球最高樓，很容易製造記憶點。

從無到有，一步一步，
創建台灣矽谷統一的品牌文化

台灣的職場文化一直與美國矽谷有滿大的差異。文化是一點一滴地建立與學習而來，連矽谷總部也不斷學習、改變與海外總部的互動方式。台灣辦公室成立時，為了建立開放、平等、互動

的組織文化基礎，所有工程師到職後，都需要到美國待上一到兩個星期，由美國的同事帶領他們一起了解 Google 的文化與組織模式。

Google 的組織很扁平，即使是教授加入工程團隊，都與學生一樣成為工程師，相當平等。簡立峰說，Google 一開始利用按部就班的方式，讓這些種子成員將文化帶進台灣，這也是讓台灣至今雖然已經成為三千人的大組織，仍能保有 Google 美國文化本質的重要關鍵。

簡立峰在台灣也首創了「實習生」制度，他笑著說，這是因為當時 Google 要找到正職員工真的不簡單，不是因為面試者的能力不足，而是台灣缺乏這種立即回應的面試訓練。因此，希望透過找到當時優秀的實習生，讓優秀的學生知道，來到 Google 實習，對於申請國外名校相當有幫助。

透過這樣的定位與口碑推薦，當時真的找到許多傑出的實習生。簡立峰說，硬體的人才與軟體的有很大不同，硬體比較像是個生態系，每個人才都是一個螺絲，很難有一個人大放異彩的機會。但軟體不同，你能相信當時做 Google 全球翻譯的軟體工程師僅三人？「軟體只要一個菁英人才，就可以影響全世界」，加上軟體這個產業，優秀的人才學習快速，在培養實習生的同時，也是在建立正職員工的人才庫，相當值得。

優秀的人才對自己要求甚高，
不要管理他，而是幫助他

簡立峰表示，Google很講究每個人的獨特發展性，認為對的人才就應該放在對的位置上。在美國總部對主管的訓練中，不斷重申，這些聰明的人才，不喜歡被管理，因為他們其實對自己的要求甚高，同儕間的競爭也將帶給他們無法鬆懈的壓力。所以總經理如果剛好有領導能力，很好，這足以讓你帶著團隊前進。如果沒有，「幫助」將是最好的帶領。只要你能幫助他解決困難，在這個過程中，就會建立起團隊的信任感。

Google相當鼓勵創新，簡立峰說，這當然也是因為Google屬於平台經濟，平台需要不斷地提供創新。商業模式不同，鼓勵的文化也有所不同。簡立峰是如何帶領Google優秀的團隊不斷成長？他笑著說：「其實我是不斷地和比我優秀的人共事，包括求學時的台大電機、中央研究院、Google，我幾乎是裡面唯一沒有出國或留學背景的人。在這些工作的歷練中，我已經很習慣不是主角，而是在這個過程中幫助別人。」

簡立峰說，在Google的這段期間，有許多相當優秀的人才，都曾在他的房間裡崩潰痛哭。這些優秀人才的心理壓力都很大，很多時候不是因為遇到專業的瓶頸，而是這些菁英自己的心裡過不去。他說，過去許多倒吃甘蔗的經驗，讓他知道正吃甘蔗的痛苦。面對台灣優秀的菁英，「只要領導者願意聽他講，做他的朋友，相信將能提供團隊更多意想不到的火花。」這些都值得讓正在領導新創團隊的創業家好好借鏡、深思。

═ IC 筆記／詹益鑑 ═

　　認識立峰老師將近十年，從七年前開始我大約每年會去拜訪他一到兩次，有時候是專業上的問題，有時候是帶國內外嘉賓參訪 Google，但最後幾年我已經把他當成我的職涯與人生導師。每次向他請益，無論是重大決定或生活瑣事，不管是投資、創業、經營、管理，他都能給出深刻的思維與明確的方向，我也總是能學到新東西。即便 Google 在台灣創立至今的故事我聽過好幾次，但每一次聽他分享、跟他對談，我總是能挖出前一次沒有聽到、聽懂的部分。

　　很榮幸能請到立峰接受我們的訪談，我也很期待每一個讀者與聽眾，可以在兩篇（集）跟他的訪談之間，學習到屬於你的收穫。對我來說，光是「領導力來自有意義的幫助」這個論點，就是不管為人父母或主管，都非常值得思考與實踐的事情。此外，在台灣我們多半強調的是解題，但在跨國企業跟成長型公司，關鍵的是如何定義問題。這部分的內容我們將在另一篇呈現。

訪談連結：https://open.firstory.me/story/cktcfyz0bi8x70964niixqueo

43

如何當一個好主管？Google 的管理哲學

專訪洪福利／前 Google Nest 台灣研發中心負責人

　　洪福利在前一篇文章*中分享了從大學時代的迷惘，進入鴻海蘋果團隊，2011 年加入 Nest，成為台灣第一號員工，到被 Google 收購成為 Google Nest 台灣研發中心負責人的精彩故事。然而，Nest 被 Google 併購之後，經歷了翻天覆地的變化，進入 Google 成為主管的洪福利更受到 Google 文化的洗禮。Google 向來以人才為重，擔任中階主管的洪福利除了必須執行上層的指示外，更重要的是要能夠照顧下屬，並與同儕保持合作關係。如何為員工著想、帶人帶心，是在 Google 擔任主管的壓力與成就來源，這些經歷與 Google 的三百六十度管理哲學，也成為洪福利現在擔任天使投資人、帶領團隊的重要養分。

---

* 請見〈智慧家居產品 Google Nest 從零到一的創新故事〉。

　　Google的主管好當嗎？「好累！」是洪福利的直覺回應。在Nest新創時期也擔任主管的洪福利說，因為當時開發產品，快速拓展市場為第一要務，加上公司目標清楚明確，所以人員管理上比較沒有章法與限制。但進入Google後，便需要接受Google的管理文化。「Google的員工都相當優秀，好的人才其實不需要過度管理，因為他們有很強的自驅力。尊重人才，清楚溝通目標是主管的重要責任。這些頂尖的人才不但優秀也搶手，公司要讓他留下，就要確保員工是開心的，而且對你的管理感到滿意。」Google的管理哲學，讓洪福利直言擔任中階主管的壓力很大。

Google的確是磨練主管最佳的地方

　　Google每年打兩次考績，員工對上級主管的匿名評比、回饋屬於例行檢核，高階主管會根據這些回饋提供中階主管相對的建議。組織裡的優秀員工很多，主管希望他們好，就需要為他們爭取舞台、職涯道路。「員工在意的也許是精進專業，或嘗試不同路線的產品，又或是晉升管理職，每個人期待的都不同。主管既然背負業務、工程或專案的最終成敗，那麼盡可能讓前線執行的員工適得其所，樂在其職，自然是管理的重點之一。」

　　「當許多主管都試著為自己的團隊爭取機會時，職場的政治問題就難免會發生，」洪福利嘆口氣說：「主管即便有努力，也不見得都能開花結果。有時，再多的善意也無法讓所有人滿意。」

「雖然辛苦，Google 的確是磨練管理能力最佳的地方，也提供許多教育訓練課程，讓管理者們在一個安全的環境下互相借鏡學習。」

除了專業資產，台灣人才更需要累積「社交資產」

常聽說台灣人才要融入矽谷國際文化是個大挑戰，洪福利說，自己和許多高階主管共事，台灣人才擁有極佳的技術與產品力，但是對於建立「社交資產」卻相對薄弱。晉升中高階主管後，將會花越來越多的時間處理關於「人」的問題，就像當 Google 與 Nest 合併組織時，就有許多跟人有關的問題需要處理，但如果人才無法融入文化，面對人的處理就相對困難。因此，台灣的中高階人才需要創造一些除了技術以外的話題，與國外高階主管產生更多更深的交流。

其中的關鍵在於建立「信任感」。如果你與高階主管只是一般的午餐會議，那可能就僅止於工作層面的討論。如果可與高階主管進一步共享晚餐，或甚至是邀請彼此到家裡作客的情感，打破工作，討論到生活、運動、教育等更多元的話題，那信任感就可以進一步累積。

為什麼信任感很重要？如果高階主管信任你，你的簡報可能就比較容易通過、執行。與高階主管互相交換情報，接近決策圈等，都是必須要耕耘的社交資本。台灣人才若想打破往上爬的玻璃天花板，必須改變思維，跨出社交舒適圈。

矽谷和台灣的工程師有什麼差異？

　　矽谷的許多人才會把專業當成興趣，即使不在工作也會為了興趣做更多元的鑽研。但台灣多數人把專業當成職業，不一定是自己想做的事情，也不一定是興趣所在。

　　把專業當成興趣，可以走得比較遠，因為享受工作的樂趣，對工作會產生更高的自驅力與好奇心，也更能觸發跨領域的互動與創新。台灣人才在教育制度的影響下，傾向於等待指示，但是矽谷主管看人才的方式是，如果你都沒有自己的想法與意見，我怎麼安心把團隊與重要的專案交給你呢？這個觀點相當值得台灣人才深思。

　　至於洪福利後來成為 Hardware Club 及「關鍵評論網」的投資人，則是因為自己的好奇心，而敲開陌生的投資與學習機緣。洪福利本來就對新聞、媒體業相當有興趣，在關鍵評論網成立時，自然就注意到這個與主流媒體有所差異的網路新媒體。後來在一個飯局中認識了關鍵評論網創辦人鍾子偉，在短短三十分鐘的談話後，洪福利就決定成為投資人。

　　Hardware Club 的投資過程更是有趣，主要是洪福利看到 Hardware Club 創辦人楊建銘*在媒體上的文章，對其觀點讚嘆不已，馬上透過 Facebook 與其聯繫，進而結下投資之緣。

　　洪福利從這兩個投資經驗學得，不用害怕，看到機會就去接觸（Don't be afraid, just reach out.）。在過程中，他發現業界的前

＊　詳細內容請見〈一個人的個性，決定他的路徑〉一文。

輩多數很願意幫助別人,只要願意鼓起勇氣請教他人,經常可以打開許多意想不到的新視野。

═ KT筆記／謝凱婷 ═

在矽谷多年觀察到的工作文化,雖然美國是講究個人主義的社會,但他們其實更重視工作評價和團隊合作。誠如Felix所說,除了專業能力之外,還需要累積工作上的社交資產。前老闆、前同事、現職的主管和團隊,都可能是未來工作生涯裡的貴人,或許在需要他們的時候,會是拉自己一把的重要力量。在高度競爭和自由度的矽谷工作文化裡,不時與前同事們做業界交流,或是主動更新自己的現況資訊給前同事們,也是在矽谷工作裡重要的一環。在美國是非常講究人脈關係的,不是說要靠人脈走後門的意思,而是指自身在工作上的專業能力和經驗,如果有曾經合作過的同事們推薦背書,那就是一種肯定,這是在美國職場中非常需要建立的信任評價。

我也很認同Felix說的,在美國,許多人才是把專業當成興趣,除了主要工作項目之外,公司也非常鼓勵進行斜槓專案。像Google著名的20%創新時間,允許員工在自己的工作範圍內,有20%的時間做自己想做的專案,在這樣刺激活化、保持創新的環境裡,往往一個靈感就造就了公司全新的產品線和市場。矽谷持續不斷的創新文化和創業精神,

值得我們用新的思維來學習。

訪談連結：https://open.firstory.me/story/ckvi642zp0ao908934j58hzwo

後記 ────────────────────────

一場遠距協作的冒險與感謝

詹益鑑

　　說起來，無論是我或是Katie，抑或是協助我們整理訪談、聽寫成稿的編輯Cathy，都不能算是這本書的作者。《矽谷為什麼》是一本集體創作，甚至從節目企劃、主持跟製播開始，就是一場非常矽谷與新創的協作體驗。

　　除了內容元素很矽谷，Podcast節目的企劃錄製與這本書的編輯過程，工作方式也很矽谷。因為疫情，我跟Katie除了開始構思節目的階段有見過兩次面，也就是我剛抵達矽谷、一切仍然正常的時候，當時完全沒有想到，之後迎接我們的會是長達十四個月的居家避疫，全家人遠距工作與上學的日子，還有各種出人意料的事件。

　　從2020年3月開始，加州進入了疫情爆發的階段。我們原本採購要共同主持的錄音設備，只好變成重新添購各自一套麥克風的方案。從第一集開始我們就不曾在同一個空間錄音，也因為疫情，我們一直都是跟來賓在三地進行線上收音。

　　如同新創團隊要有產品原型跟互補性的團隊，並在有了產品跟成長軌跡後才能找到投資人一般，我跟KT也是先有了節目概念與前三集的主題，並找到《數位時代》團隊一同製作了第一集之後，很幸運地獲得國發會的支持，讓我們除了有協助企劃與剪輯後製的神隊友Claire與Eva，更有一個代表國家新創品牌「Startup Island TAIWAN」的機會與平台，我們覺得十分榮幸。

　　不過，這本書能出現，最要感謝的自然是每一集的來賓，除了願意撥空受訪、陪我們預錄對訪綱跟正式錄製，等到我們要出書了，還要花時間檢視與修改，才有了這麼完整而即時的經驗呈現與資訊量。此外，收聽我們節目的每一位聽眾，還有包容我使用週末或晚上空檔時間錄製節目的家人，也是我要感謝的對象。

　　其次，就是跟我搭檔已經超過兩年的Kaite。從一開始只是幾面之緣的朋友，因為企劃跟錄製節目，加上兩家人的往來，成為非常要好的工作夥伴。出書的想法也是由她而起，包括編輯與出版社都是她過去合作過的，即便是橫跨太平洋兩端的線上協作模式，依然非常順利而且合作愉快。也要感謝出版社與編輯群對我們的協助與包容，沒有你們，這個出書的夢想就沒有實現的一天。

　　最後，這本書出版的時間正逢美國資本市場跟科技產業劇烈變動的階段。有些主題可能會隨著時間推移而有不同的樣貌與詮釋。歡迎各位讀者追蹤我們「矽谷為什麼」的Facebook粉絲頁或者加入社團，也歡迎到我個人的「Dr. IC」留言或傳訊，我很樂意回答任何問題。如同我說的，這個節目與這本書都是集體協作的成果，而各位聽眾與讀者的回饋、發問、留言，也都是我們

持續創作的動力，跟未來內容的一部分。

僅用以下這段話，代表我的體驗與感謝：

矽谷，難以複製但可以連結。它不僅是一個地方，更是一種文化。是車庫創業的發源地、摩爾定律的應許之地，更是連續創業者與天使投資人最多的地方。如果喜歡這本書，除了邀請您訂閱與收聽我們的Podcast，更歡迎來矽谷找我跟Katie，一起探究，矽谷為什麼。

新商業周刊叢書BW0802

矽谷為什麼
科技、新創、生醫、投資，矽谷直送的最新趨勢與實戰經驗

作　　　者／詹益鑑、謝凱婷
文 字 編 輯／陳雅言
責 任 編 輯／鄭凱達
企 劃 選 書／鄭凱達
版　　　權／吳亭儀
行 銷 業 務／周佑潔、林秀津、黃崇華、賴正祐、郭盈均

總 　 編 　 輯／陳美靜
總 　 經 　 理／彭之琬
事業群總經理／黃淑貞
發 　 行 　 人／何飛鵬
法 律 顧 問／台英國際商務法律事務所　羅明通律師
出　　　版／商周出版
　　　　　　臺北市104民生東路二段141號9樓
　　　　　　電話：(02) 2500-7008　傳真：(02) 2500-7759
　　　　　　E-mail: bwp.service @ cite.com.tw
發 　 　 　 行／英屬蓋曼群島商家庭傳媒股份有限公司　城邦分公司
　　　　　　臺北市104民生東路二段141號2樓
　　　　　　讀者服務專線：0800-020-299　24小時傳真服務：(02) 2517-0999
　　　　　　讀者服務信箱E-mail: cs@cite.com.tw
　　　　　　劃撥帳號：19833503　戶名：英屬蓋曼群島商家庭傳媒股份有限公司城邦分公司
訂 購 服 務／書虫股份有限公司客服專線：(02) 2500-7718；2500-7719
　　　　　　服務時間：週一至週五上午09:30-12:00；下午13:30-17:00
　　　　　　24小時傳真專線：(02) 2500-1990；2500-1991
　　　　　　劃撥帳號：19863813　戶名：書虫股份有限公司
　　　　　　E-mail: service@readingclub.com.tw
香港發行所／城邦（香港）出版集團有限公司
　　　　　　香港灣仔駱克道193號東超商業中心1樓
　　　　　　電話：(852) 2508-6231　傳真：(852) 2578-9337
馬新發行所／城邦（馬新）出版集團
　　　　　　Cite (M) Sdn. Bhd.
　　　　　　41, Jalan Radin Anum, Bandar Baru Sri Petaling, 57000 Kuala Lumpur, Malaysia.
　　　　　　電話：(603) 9057-8822　傳真：(603) 9057-6622　E-mail: cite@cite.com.my

封 面 設 計／萬勝安
印　　　刷／鴻霖印刷傳媒股份有限公司
經 　 銷 　 商／聯合發行股份有限公司　電話：(02) 2917-8022　傳真：(02) 2911-0053
　　　　　　地址：新北市新店區寶橋路235巷6弄6號2樓

■ 2022年6月7日初版1刷
Printed in Taiwan

定價480元
ISBN：978-626-318-270-7（紙本）
版權所有・翻印必究
ISBN：978-626-318-273-8（EPUB）

國家圖書館出版品預行編目（CIP）資料

矽谷為什麼：科技、新創、生醫、投資，矽谷
直送的最新趨勢與實戰經驗／詹益鑑、謝凱婷
著. -- 初版. -- 臺北市：商周出版：英屬蓋曼群
島商家庭傳媒股份有限公司城邦分公司發行，
2022.04
　　面；　　公分. --（新商業周刊叢書；BW0802）
ISBN 978-626-318-270-7（平裝）

線上版讀者回函卡

城邦讀書花園
www.cite.com.tw